农业农村
绿色生态种植技术

顾晓霞　孙志斌　强雅娟　邓翠　张建英　赵香莲　主编

中国农业科学技术出版社

图书在版编目（CIP）数据

农业农村绿色生态种植技术 / 顾晓霞等主编.
北京：中国农业科学技术出版社，2024.7. -- ISBN
978-7-5116-6944-5

Ⅰ. S31

中国国家版本馆 CIP 数据核字第 2024FW6802 号

责任编辑	白姗姗
责任校对	李向荣
责任印制	姜义伟　王思文

出 版 者	中国农业科学技术出版社
	北京市中关村南大街 12 号　　邮编：100081
电　　话	（010）82106638（编辑室）　（010）82106624（发行部）
	（010）82109709（读者服务部）
网　　址	https://castp.caas.cn
经 销 者	各地新华书店
印 刷 者	鸿博睿特（天津）印刷科技有限公司
开　　本	140 mm×203 mm　1/32
印　　张	5
字　　数	130 千字
版　　次	2024 年 7 月第 1 版　2024 年 7 月第 1 次印刷
定　　价	39.80 元

前　言

在科学技术不断发展的背景下，怎样保证农业安全成为每个人关心的焦点。绿色农业种植技术的应用和普及顺应着绿色生态、环境保护的观念和需求，对农业工作者来说有着十分重要的现实意义。

本书共七章，内容包括粮食作物、经济作物、小杂粮、蔬菜、果桑茶、食用菌、中药材等绿色生态种植技术。

本书可供种养大户、农民专业合作社社员、涉农企业经纪人等农村实用人才及农村干部和村级农技人员参考。

编　者

2024 年 4 月

目　　录

第七节　冬　瓜 ……………………………………… 43

第八节　大白菜 ……………………………………… 44

第九节　茼　蒿 ……………………………………… 46

第十节　空心菜 ……………………………………… 47

第十一节　花椰菜 …………………………………… 48

第十二节　菠　菜 …………………………………… 50

第十三节　芹　菜 …………………………………… 51

第十四节　白萝卜 …………………………………… 53

第十五节　胡萝卜 …………………………………… 55

第十六节　丝　瓜 …………………………………… 56

第十七节　荷兰豆 …………………………………… 57

第十八节　四季豆 …………………………………… 59

第十九节　豇　豆 …………………………………… 61

第二十节　马铃薯 …………………………………… 62

第二十一节　莴　笋 ………………………………… 63

第二十二节　西蓝花 ………………………………… 65

第二十三节　山　药 ………………………………… 66

第二十四节　洋　葱 ………………………………… 68

第二十五节　大　葱 ………………………………… 69

第二十六节　大　蒜 ………………………………… 71

第二十七节　生　姜 ………………………………… 72

第二十八节　芋　头 ………………………………… 74

第二十九节　魔　芋 ………………………………… 77

第三十节　秋　葵 …………………………………… 78

第三十一节　莲　藕 ………………………………… 80

第三十二节　芦　笋 ………………………………… 81

第五章　果桑茶绿色生态种植技术 ………………… 83

第一节　苹　果 ……………………………………… 83

第二节　梨 …………………………………………… 84

第一章 粮食作物绿色生态种植技术

第一节 小 麦

一、种子处理

小麦播种前为了促使种子发芽出苗整齐、早发快长以及防治病虫害，还要进行种子处理。种子处理包括播前晒种、药剂拌种和种子包衣等。

（一）播前晒种

晒种一般在播种前2~3 d，选晴天晒1~2 d。晒种可以促进种子的呼吸作用，提高种皮的通透性，加速种子的生理成熟过程，打破种子的休眠期，提高种子的发芽率和发芽势，消灭种子携带的病菌，使种子出苗整齐。

（二）药剂拌种

药剂拌种是防治病虫害的主要措施之一。生产上常用的小麦拌种剂有50%辛硫磷，使用量为每10 kg种子20 mL；2%立克锈，使用量为每10 kg种子10~20 g；15%三唑酮，使用量为每10 kg种子20 g。可防治地下害虫和小麦病害。

（三）种子包衣

把杀虫剂、杀菌剂、微肥、植物生长调节剂等通过科学配方复配，加入适量溶剂制成糊状，然后利用机械均匀搅拌后涂在种子上，称为包衣。包衣后的种子晾干后即可播种。使用包衣种子省时、省工、成本低、成苗率高、有利于培育壮苗，增产比较显著。一般可直接从市场购买包衣种子，生产规模和用种较大的农场也可自己包衣，可用 2% 适乐时作小麦种子包衣的药剂。使用量为每 10 kg 种子拌药 10~20 mL。

二、整地

（一）及时整地，消灭杂草

在播种前应深耕土壤，深度最好在 25~30 cm，这样做能够打破犁底层，增加土壤透气性，有利于根系的下扎，增强土壤的保水保肥能力，提高小麦的抗旱性和抗寒性；同时清除或深翻地面杂草，能够避免杂草和麦苗争夺养分；土壤翻过以后把地面整平整碎，避免出现上实下虚、墒沟伏脊等现象。秸秆还田的地块一定要把秸秆粉碎，还要在犁地前浇一次水，加快秸秆的腐熟沤制。有条件的还可以加入一些碳酸氢铵或者过磷酸钙，以加快秸秆腐熟。

（二）合理施肥

田块每亩施腐熟有机肥 1 000~2 000 kg 或精制有机肥 150~200 kg，增加土壤有机质，培肥地力，促进秸秆腐熟。秸秆还田，田块采取重施底氮平衡施肥技术，避免苗期生物争氮、苗黄苗弱，降低土壤碳氮比，促进秸秆腐熟，调节土壤理化性质，实现培育壮苗与培肥地力统一。推荐施肥量为：亩产 ≥600 kg 的高产田，亩施纯氮 17~18 kg、五氧化二磷 8~9 kg、氧化钾 5~6 kg；亩产 500~600 kg 中产田，亩施氮 16~17 kg、五氧化二磷 7~8 kg、氧化钾 4~5 kg；亩产 400~500 kg 低产田，亩施氮 14~16 kg、五氧化二磷 6~7 kg、氧化钾 4~5 kg。如果是旱地麦田一般每亩施纯氮 10~12 kg、五氧化二磷 7~9 kg；如果是秸秆还田田块，每亩应增加纯氮 2 kg。

三、播种

一是适期。黄淮海北部和西北麦区适宜播期为 10 月上中旬，黄淮海南部麦区适宜播期为 10 月中下旬，长江中下游和西南麦区适宜播期在 10 月中下旬至 11 月上旬。二是适墒。若墒情适宜，可直接整地播种；若墒情不足，要提前造墒或播后浇水，确保一播全苗；旱地要趁墒播种。如遇阴雨天气，要及时排除田间积水进行晾墒。三是适量。适时播种的麦田亩基本苗数量，黄淮海北部麦区控制在 15 万~20 万株，黄淮海南部和长江中下游麦区 13 万~18 万株，西南麦区 16 万~20 万株，西北麦区因地因品种调整。晚播麦田应适当增加播量，做到播期播量相结合。四是适深。坚持"适墒适当浅播、缺墒适当深播"的原则，防止播种过深或露籽。适墒条件下，黄淮海和西北麦区旱地小麦播种可略深，一般 3~5 cm；长江中下游和西南麦区稻茬小麦播种略浅，一般 2~4 cm。五是匀播。在高质量整地前提下，大力推广精量半精量播种、宽幅条播、多程序复式作业、种肥同播、免耕带旋等高质量机械化播种技术，做到行距一致、播量准确、种子分布均匀，实现一播保苗全、苗匀、苗齐、苗壮。六是镇压。小麦播后镇压是抗旱、防冻和提高出苗质量、培育冬前壮苗的重要措施。对秸秆还田未耙实麦田以及播时未镇压麦田，可在播后墒情适宜时及时进行镇压。

四、田间管理

第一，做好苗期管理。小麦苗期的关键是培育壮苗，需要达成苗齐、苗壮及苗全的目标，夯实小麦高产的基础。需要在出苗后做好观察，3~4 叶时间苗、5~6 叶时定苗，除掉其中的弱苗，避免与强苗抢夺营养。如果部分地块存在缺苗、断垄的情况，间苗的同时要补苗。全面做好整地工作，为小麦生长创造良好的环境。在整地过程中，需要清除杂草、灌木，还要优化小麦生长区域的土壤性能，全面做好土壤优化工作，助力小麦稳定生长。

第二，完成小麦播种后需要强化后续管理。观察种苗生长情况，当发现田地中出现缺苗情况时，需要根据实际及时补苗。同时，需要提高对冬灌的重视度。北方地区普遍冬季干旱缺水，冬灌可以满足小麦幼苗对水分的需求，而且可以起到防冻的效果，避免土壤冻结，帮助小麦幼苗过冬，奠定小麦高产与稳产的基础。

第三，要做好麦苗管理工作。通常，返青至拔节阶段的小麦苗会迅速生长，如果麦苗长势过快，需要采取压制性措施，避免麦田内出现倒伏情况。小麦种植期间，每亩麦田喷施4%缩节胺与40 kg水混合搅拌后的药物，通过药物遏制麦苗长势。拔节后需要及时灌溉与施肥，如果出现麦茎受冻的情况，加上土壤内肥料不足，需要及时施加氮肥，确保营养足够，提高麦苗生长的质量；壮苗麦田对外界抵抗能力较强，很少出现冻害情况，此阶段不需要灌溉与施肥，如果存在干旱情况，需要适量灌溉。此外，当麦田内麦苗生长出现两极分化的情况时，要采取有针对性的管理措施，适量灌溉并施肥，调整肥力，提高麦苗质量。麦苗弱苗时，返青后需要进行松土处理，营造适合麦苗成长的环境，提高小麦生长质量。

五、病虫害绿色防控

坚持分区治理、分类指导的原则开展防治。播种前做好田间管理工作，清除麦田周边自生麦苗、杂草；及时粉碎田间秸秆，并耕翻、耙匀，降低小麦茎基腐病、纹枯病等病原菌菌源量，减少病虫侵染概率，防止种苗根系悬空，加重根腐病、孢囊线虫病为害；做好田间种植规划，预留大型植保机械作业道，便于后期实施防治。

六、适时收获

小麦收割的标准为蜡熟末期，即小麦茎秆全部变黄、叶片枯黄，茎秆尚有弹性，籽粒内部呈蜡质状，含水率达30%左右，颜色接近本品种固有色泽，用力能被指甲切断。

第二节　水　稻

一、种子处理

要因地制宜选用优质抗病良种，精选无病健壮稻种，在药剂处理前晾晒 2~3 d，并进行风选，通过去杂去劣，减少菌源并增加种子活力，提高发芽率、发芽势。近年恶苗病、干尖线虫病、稻瘟病、细菌性条斑病等病害重发地区，要压缩高感品种的种植面积，降低病害发生的风险，减轻防治压力。

二、育苗

育苗是水稻高产栽培的关键环节之一。选择健康的种子，进行晒种、选种、消毒等处理，以提高种子的发芽率和抗病性。随后进行催芽，控制温度和湿度，使种子在适宜的环境下发芽。当幼苗长到一定程度时，进行移栽前的锻炼，以提高其适应性和抗逆性。

选择适合的种植地区和环境，保证种植地区的土地和环境符合相关规定要求。最好远离化工厂等污染企业，避免有毒有害的物质造成土地污染，还要选择靠近水源的地区，保证水源供给充足。选好种植地区之后要做好整地工作，彻底清理土壤中的杂草和石块等物，避免杂草和水稻秧苗争夺土壤中的养分和水分，影响水稻生长。还要深翻土壤，改善原有的土壤结构，提高土壤的透气性和疏松度，为秧苗营造良好的土壤环境。深耕完成之后全面平整土壤，便于后期灌溉和田间管理工作。为了提高土壤中的养分，可以利用秸秆还田技术，用量约为 3.3 万 kg/hm^2，大田翻耕之后要进行晒垡，在改善土壤结构的同时能够提高土壤温度，有助于种子的发芽和根部的生长。

水稻的育苗方式有多种，大棚育秧包括大棚、小棚和中棚；从苗床的水分来看，包括旱育秧和湿育秧。不同地区的种植条件存在差异性，应该坚持因地制宜原则，结合实际情况选择适合的育苗技术。

三、田间管理

1. 科学追肥

在前期施加充足的基肥基础上，后期要结合实际情况做好追肥工作，确保达到高产稳产的目的。首先，应早施蘖肥。秧苗移栽后 1 周, 稻田追施尿素 75~110 kg/hm², 为秧苗生长提供充足的养分。其次, 应巧施穗肥。水稻出穗前 3 周追施穗肥, 如稻苗叶色较深, 则每公顷稻田追施钾肥 70 kg, 如稻苗叶色较浅, 则每公顷稻田追施尿素 60 kg 和钾肥 70 kg。最后, 应酌施粒肥。水稻齐穗期每公顷稻田叶面喷施尿素 7 kg 和磷酸二氢钾 3 kg, 防止水稻早衰脱肥, 起到增加结实率和粒重的目的。

2. 合理灌水

水是水稻生长的必需品, 水稻各个生长阶段对于水分的需求量不同, 因此合理灌水至关重要。水稻灌水时, 应遵循 "浅水插秧、湿润分蘖、适时烤田、浅水孕穗、湿润灌浆" 的原则和要求。具体来说, 插秧时以浅水为宜, 有助于早分蘖、早活棵。分蘖期保持薄水层, 提高土壤含氧量, 促进秧苗根系发育, 保证成穗率。分蘖末期至幼穗分化初期需及时排水烤田, 营造良好的稻田通风条件和透光条件, 降低倒伏的概率, 一般以稻田烤至出现裂缝不陷脚为宜, 然后灌水, 反复烤田、灌水 3 次, 直至拔节。水稻齐穗前, 保持浅水灌溉即可。灌浆期每间隔 3 d 灌水 1 次, 在保证满足水稻对水分需求的同时, 增强土壤透气性, 提高根系活力。蜡熟末期, 需停止灌水。

3. 及时除草

杂草的生长, 会对水稻生长产生极大的影响, 所以农户要高度重视除草工作。目前, 水稻除草推广应用耘田除草法, 在移栽前 1 周进行第一次耘田除草, 秧苗移栽后结合出草数量进行第二次耘田除草。杂草数量较多时, 可配合使用化学除草法。耘田除草的优势在于减少对化学除草剂的使用, 保证稻米的品质。不仅如此, 耘田除草法还能够提高土壤透气性, 促进秧苗早分蘖、快分蘖, 进而达到更高的产量。

四、病虫害绿色防控

1. 农业防治

科学选择稻田, 并深耕土壤 25 cm 晾晒, 同时施加充足的基肥，为水稻栽培奠定基础；合理选择水稻品种，优选高抗病性、抗逆性、抗倒伏性的优质高产水稻品种；重视对水稻种子的处理，包括晒种、筛种、浸种、拌种、催芽等，提高水稻出苗率，实现壮苗培育；控制好秧苗移栽时间、移栽密度，保证稻田有良好的光照和通风条件，为水稻生长营造适宜的田间环境；强化田间管理工作，及时灌水，适时追肥，落实除草，提高水稻抗病力，防止水稻病虫害的发生；认真检查水稻生长情况，如发现有患病秧苗，需及时清除掉，避免致病原传播扩散，造成更大的损失。

2. 物理防治

从育苗环节入手，育苗时覆盖防虫网，避免灰飞虱传播致病原，防止引发叶枯病；将大豆等植物种植在田埂上，吸引寄生蜂等益虫，增加稻田内益虫数量，抑制稻田害虫数量；将频振式杀虫灯、黑光灯、太阳能杀虫灯等悬挂在稻田内，19时至4时开灯，对二化螟等害虫可起到不错的诱杀效果；在稻田内每间隔3m距离悬挂1个黄板，可有效诱杀水稻蚜虫及灰飞虱。

3. 生物防治

在稻田内释放并保护害虫的天敌，如赤眼蜂、蜘蛛、瓢虫等，可捕食诱杀稻飞虱、稻纵卷叶螟等多种害虫；利用生物农药防治病虫害，如稻飞虱可用苏云金杆菌防治，稻瘟病可用春雷霉素防治，稻曲病可用井冈霉素防治。

4. 化学防治

科学选用化学农药，优选广谱、低毒、高效、低残留的化学农药并轮换使用，合理控制好用药量，严格执行休药期制度，保证水稻品质。

五、适时收获

水稻成熟后，要及时进行收获作业，以完熟期收获最为适宜，此时稻壳变黄、籽粒变硬、米粒水分小、千粒重最大。收获时间过早或过晚，会导致千粒重下降、产量下降、稻米品质下降。收获时，以采用高留茬收获或选用半喂入联合收割机为宜，如收获易脱粒品种时，则建议使用全喂入收割机。机械收获作业前，需认真做好机具检查工作，保证其良好的工作状态，防止发生作业故障，保证机械收获作业效率和质量。此外，水稻收获时，需结合水稻高矮度、密度、稻田情况，合理控制好收割机的作业速度，一般控制在 2~3 km/h，要始终保持匀速行驶，在地头转弯、过沟及田埂时应适当减速。收割机应尽量走直线，保证满幅工作。收获作业时应密切留意机械设备情况，如发现有泥土和杂草缠绕，要及时将其清理掉。

第三节　玉　米

一、种子处理

1. 精选

包括穗选和粒选。穗选即在场上晾晒果穗时，剔除混杂、成熟不好、病虫、霉烂果穗。粒选即播前筛去小、秕粒，清除霉、破、虫粒及杂物，使之大小均匀饱满，利于苗全、苗齐。

2. 晒种

选晴天晒 2~3 d，利于提高发芽率，提早出苗，减轻丝黑穗病。

3. 浸种

可促进种子发芽整齐、出苗快、苗整齐。方法有冷水浸种（12~24 h）和 50 ℃温水浸种（6~12 h）。

4. 拌种

可用 15%的粉锈宁可湿性粉剂 400~600 g 拌 100 kg 种子防治玉米丝黑穗病，也可用种衣剂拌种、包衣防治地下害虫。

二、选地与整地

1. 选地

玉米是喜肥水、好温热、需氧多、怕涝渍的作物，过酸、过黏和瘠薄的土壤都会使玉米生长不良。因此，选地最好以排灌方便、便于管理、pH 值 6.5~7、肥力中等以上的壤土或沙壤土为宜。

2. 整地和施基肥

整好地是保全苗的前提条件。选地后进行深耕耙平，一般要做到两犁两耙，耕作层深 30 cm 以上，以达到"地平、土细、墒足、肥高"的整地质量要求。整地后按双行植行距 120~140 cm 放线开沟，并按每亩腐熟农家肥 1 000 kg、豆饼 50 kg 和过磷酸钙 50 kg 作基肥条施于沟内；为了排灌方便，结合整地还应开沟作畦，修好四面排水沟。要求做到畦平沟直，沟沟相通，排灌畅通。

三、田间管理

1. 苗期管理

玉米苗期是营养生长阶段，即长根、增叶和茎节分化阶段，是决定叶片和茎节数目的时期，植株的生长中心是根系。到拔节时，展开叶片数达到 6 片，此时叶片数和节间数已经确定。植株体内氮素代谢旺盛。幼苗喜温，较耐干旱，怕涝。土壤宜疏松。田间管理要立足于"早管促早发"，防止出现"老小苗"。苗期田间管理的主要目标是促根壮苗，通过合理的栽培措施，实现苗足、苗齐、苗壮和早发。

2. 玉米穗期管理

玉米拔节至抽雄这一阶段为穗期。营养生长和生殖生长并进，长叶、拔节、雄雌穗分化与形成。大喇叭口期（12 片展开叶，上部的棒三叶甩开呈喇叭口状）已形成 4~7 层地下节根（次生根），并向纵深扩展。大喇叭口之后，地上节根（气生根）陆续出现，茎秆节间迅速伸长，雄穗和雌穗迅速分化。夏玉米的穗期一般经历 35 d 左右。穗期是玉米一生中生长最旺盛的阶段，需要的养分、水分也比较多。此期决定了穗花数的多少，是影响果穗大小、粒数多少的关键阶段。

3. 花粒期管理

玉米抽雄到完熟阶段为花粒期。夏玉米花粒期一般 45 d 左右。此期是玉米籽粒产量的形成阶段，是田间管理的重要时期。玉米抽雄期以后所有叶片均已展开，株高已经定型，除了气生根略有增长外，营养生长基本结束，进入以籽粒生长发育为中心的生殖生长期，是形成产量的关键时期。开花授粉阶段既是需肥的高峰期，又是需水的临界期，对光照条件也很敏感，缺肥、缺水或低温阴雨都能造成严重减产。田间管理的主要任务就是防止植株早衰，维持较大的绿叶面积，提高光合能力，争取粒多、粒重。

四、病虫害绿色防控

加强调查监测，及时掌握病虫发生动态，做到早发现、早预警、早防治。选择适合当地的耐密、耐阴抗病品种，在开好田间沟系、科学肥水管理等农业防治措施的基础上，采取"种子处理+理化诱控+科学用药"的绿色防控技术模式，对主要目标病虫实施"前防、中控、后保"综合治理，从而达到高效、绿色、经济控制病虫害的目的。

五、适时收获

玉米籽粒生理成熟的主要标志有两个，一是籽粒基部黑色层形成，二是籽粒乳线消失。玉米成熟时是否形成黑色层，不同品种之间差别很大。玉米果穗下部籽粒乳线消失，籽粒含水量 30% 左右，果穗苞叶变白而松散时收获，粒重最高，玉米的产量最高，可以做为玉米适期收获的主要标志。同时，玉米籽粒基部黑色层形成也是适期收获的重要参考指标。适期收获的玉米籽粒饱满充实，籽粒比较均匀，小粒、秕粒明显减少，籽粒含水量比较低，便于脱粒和存放，商品质量会有明显提高。

第四节　甘　薯

一、育苗技术

甘薯壮苗的一般标准为：叶片肥厚、色深、节间短、茎粗壮、根系粗大白嫩、苗长 20~25 cm、单株重量 100~120 g。育苗时，将温度控制在 16~35 ℃；在萌芽期，将相对湿度控制在 70%~80%；在炼苗期，将相对湿度控制在 60%左右。为缩短育苗时间，可采用电热温床、冷床双膜进行育苗。育苗时，各个薯块之间保持 3~5 cm 的间距。若种植菜用甘薯，则苗床相对湿度控制在 80%左右，温度控制在 15~18 ℃。

二、密植技术

甘薯的栽植密度应根据各地区的具体情况（包括土壤肥力）、品种特性、栽植时间和方法，以及种植甘薯的具体种类来确定。肥水条件好的地宜稀，旱薄地宜密，施肥多的地宜稀，施肥少的地宜密。

三、田间管理技术

在甘薯生长前期，必须将种植区 5 cm 地温控制在 15~30 ℃。在种植薯苗后 2~3 d 查苗，发现弱苗、缺苗，必须及时补栽。适时锄地，通过锄地可以破除土壤板结，并提高 5 cm 地温。采用滴灌技术，对薯苗进行精细化浇灌。在甘薯生长中期，必须做好防旱、排涝、浇灌等工作。必须保护好甘薯的茎叶，严禁翻蔓。若土壤湿度过大，可轻轻提蔓，否则切不可随意提蔓。在甘薯生长后期，要合理追肥，并做好排涝，防止甘薯块根腐烂。9 月之后，必须停止浇灌。

四、病虫害绿色防控

（一）病害及其防治

1. 甘薯黑斑病

防治甘薯黑斑病，必须严格实施检疫措施，严禁调运病薯、病苗。若发现病薯、病苗，必须立即加以处理。要培育无病壮苗，对种薯进行消毒。可采用温水浸种，用 51~54 ℃温水浸种 10 min（防治效果可达 70%~80%）或使用 50%多菌灵可湿粉剂 1 000 倍液浸种 10 min。

2. 甘薯烂根病

甘薯感染烂根病后，首先根尖发黑，然后向上扩展，使整个须根变黑腐烂，并且病部扩展至地下茎部，产生黑褐色斑；随着病情发展，病株变得短小，叶片自上而下脱落，地上部分干枯死亡，造成大片缺苗甚至绝收。防治甘薯烂根病，宜选用抗病品种，或采用轮作倒茬、适期早栽，或增施复合肥料，也可压低病情，提高甘薯产量。

（二）虫害及其防治

1. 苗期虫害防治

甘薯苗期的虫害主要有地老虎、蝼蛄、金针虫等。按每亩施加 2 kg 的标准在起垄时撒施 5%辛硫磷，可取得较好地防治效果。将新鲜嫩草切碎后用 1 000 倍液天达阿维菌素喷洒均匀，在日落后 1 h 均匀撒入土中，可较为彻底地消灭地老虎幼虫。

2. 茎叶虫害防治

甘薯茎叶害虫主要有甘薯茎叶卷叶虫、甘薯天蛾和斜纹夜蛾等。防治这些害虫，要注意及早防治，要在害虫的卵孵化盛期和幼虫初期用药。在害虫发生初期，用 1 000~1 500 倍液天达灭幼脲喷洒植株，不但能够杀灭幼虫，而且可以杀灭绝大多数虫卵，把害虫消灭在为害之前。也可以用 2.5%高效氯氟氰菊酯 1 500~2 000 倍液或 2‰天达阿维菌素 2 000~3 000 倍液防治。

五、适时收获

在甘薯单薯重 100~150 g、生育期 80~90 d 时可以进行收获。在收获时要轻挖、轻放、轻运，分级挑选、装箱，防止薯皮和薯块碰伤，以免影响甘薯的商品性。

第二章　经济作物绿色生态种植技术

第一节　花　生

一、土壤整理

土壤耕深应在 25 cm 左右，以加深活土层，深耕可有效改良土壤耕作层，苗期减少病害的发生。播种时以基肥为主、追肥为辅。均衡施肥，是促进花生高产的关键因素之一，可采取测土配方施肥。

二、适时播种

花生发芽最适宜气温是 25~30 ℃，低于 18 ℃或高于 35 ℃时，有些品种就不能发芽。土壤相对含水量以 65%~70% 为宜，即土壤手握能成团，手搓较松散，确保种子对水分的需要。对土质黏、墒情好的适当浅播，相反应适当深播，浅播不能浅于 3 cm，防止出苗水分不足，出苗不齐，确保一播全苗。

三、合理密植

适宜的种植密度由选择的品种特性、土壤肥力、栽培条件等因素来决定。建议采取肥地宜稀、薄地宜密、增穴减粒的原则。一般地块每亩 8 000~9 000 穴，肥力较差地块 10 000~11 000 穴，尽量按照品种特性和土壤肥力来酌情增减。

四、苗期管理

及时查看出苗情况，如有缺苗立即补种，出现苗黄、苗弱等现象属于缺乏微量元素，采取补充苗期需要的多种营养（如磷酸二氢钾、叶面肥等）能起到调节生长和促根壮苗的作用。

遵守"预防为主，综合防治"的植保方针，降低苗期病害的发生，达到提高苗期抗病能力的效果。

五、开花下针期管理

开花下针期是花生一生中需要水分最多的时期，也是花生需水临界期，需水占全生育期需水总量的一半。这个时期土壤的含水量为土壤最大持水量的 65%~75%，土壤湿度在 50% 以下时应及时浇水，浇水可用节水灌溉技术，切忌大水漫灌。

六、病虫害绿色防控

花生常见病害有叶斑病、炭疽病、枯萎病等。叶斑病主要为害叶片，其次为害叶柄和托叶，发病一般先从植株底部叶片开始，初期叶片正面产生针头大小的小褐点，逐渐变为褐色星芒状斑，进而扩展成网纹状，边缘灰绿色。病斑逐渐扩大，最后形成圆形、椭圆形或不规则的褐色至栗褐色大斑，病斑边缘浅褐色，界限不明显，导致叶片过早脱落。炭疽病主要为害叶片，以植株下部叶片较多发生。病斑多自叶尖、叶缘始，呈圆形或不定形，褐色至暗褐色；后斑中部灰白色，斑面常现轮纹。枯萎病主要症状是叶片萎蔫，根、茎部变黑褐色枯死。对于叶斑病、枯萎病，用丙环唑或甲基硫菌灵、代森锰锌等交替防治即可有效控制。防治花生炭疽病，可用 60% 甲硫·异菌脲可湿性粉剂 40~60 g/亩或 60% 唑醚·代森联水分散粒剂 1 000~2 000 倍液或 25% 苯醚甲环唑悬浮剂 30~40 mL/亩喷雾。

花生常见虫害有红蜘蛛、蚜虫、甜菜夜蛾、蝼蛄、蛴螬等地下害虫。红蜘蛛、蚜虫主要为害花生叶片，造成叶片失绿，影响花生进行光合作用；甜菜夜蛾主要为害叶片，为害后叶片出现缺口或者叶片中间出现洞口；蝼蛄、蛴螬等地下害虫主要为害根部，造成花生养分缺失导致植株枯死。虫害可用杀螨精、吡虫啉、高效氯氰菊酯等化学农药及时防治，也可采取按照各自比例混合使用，效果更佳。具体施用方法严格按说明书使用。

七、适时收获

从 50%植株出现饱果到大多数荚果饱满成熟为饱果成熟期。按照品种建议生长周期提前 10~15 d 收获的花生每亩将减产 30%左右。掌握最佳收获时间，首先看花生植株长势，以及茎枝基部叶片变黄脱落情况，茎枝由绿色向黄色转变，顶部还有 4~6 片完好叶片；其次扒开土层，看花生网纹是否清晰，剥壳看果仁颜色、内壁颜色、果仁是否变硬等；最后根据天气预报情况，适当推迟 3~5 d 收获可提高产量（防止出现连阴雨天气造成落果）。

第二节　油　菜

一、精细整地

为保证油菜良好生长，在种植前应对种植土地进行翻整，使土壤保持松软与平整，减少土壤中可能存有的病虫害，同时还应清理田间杂草、碎石。可以说，精细的整地工作是油菜高产的重要基础。

二、品种选择及种子处理

在油菜品种选择上，应依据种植当地的环境、气候、土壤等特点进行选择，在种植前应筛选颗粒饱满完好的种子，并用 5%高锰酸钾溶液浸泡后晾晒风干，以激发种子中酶的活性，提升种子发芽率。同时，可以选用磷肥与其他多效复合肥作为基肥，施用于苗床上，再用细沙土覆盖。

三、播种

通常可选择撒播平作，可显著提高油菜产量；或是采用行距在 20 cm 左右机播平作，也可有效提升油菜植株高度与产量。在种植时间上，同样要依据种植地环境特点与油菜种类进行选择；播种量方面，以 7.5 k/hm² 为基准播种量。

四、定苗

为保证油菜可良好生长，降低植株倾斜概率，首先应在油菜 2~3 叶时定苗、间苗，将长势较差、间距过密或出现病害的油菜苗拔除和补种；然后在油菜 5 叶时，进一步调整种植间距，以 70~100 株/m² 为基准密度，或是单株间距为 10 cm，具体还需要依据实际情况进行细微调整。

五、施肥

依据油菜不同的种植阶段，在种植前应施足底肥，保证油菜生长初期的养分，氮肥、磷肥、钾肥之间的比例在 1.00：0.34：0.39 左右。此外，在冬季还应做好腊肥的补充，花蕾期要做好薹肥的施用。针对需要移栽的油菜，则需要添加尿素 45.0~52.5 kg/hm² 做为起身肥，补充油菜移植时缺失的营养，并加快恢复速度。

六、病虫害绿色防控

（一）油菜软腐病

防治油菜软腐病，一是可在播种前 20 d 左右开始整地晒土消灭软腐病菌，施用充分腐熟的有机肥做为基肥，并采用高畦的方式种植油菜；二是可在发病初期使用农用硫酸链霉素或加瑞农可湿性粉剂，但要严格控制用药量，避免造成药害。

（二）油菜根肿病

若要防治油菜根肿病，一是应适当进行轮作种植，并改造酸性土壤或黏质土，以便缓解根肿病的发生；二是在播种前用药物浸种以杀菌灭毒，或使用 908 杀菌金进行喷施，可在播种时有效防治根肿病；三是用五氯硝基苯分级悬混液灌根，也可起到良好的防治作用。

（三）蚜虫

在蚜虫防治上，可以使用啶虫脒等杀虫剂进行防治即可；或科学、适当地引入蚜虫天敌，如食蚜蝇、瓢虫等进行生物防治。

七、适时收获

针对油菜籽榨油的品种，需要在果实偏黄、成熟度在 65% 以上时收获，可保证油菜产量、含油量的最大化；而针对饲用油菜，则需要在盛花期进行收获，以保证其粗蛋白含量的稳定与油菜产量。

第三节 大 豆

一、播种时间

在 5 cm 土层日平均温度达到 10～12 ℃时开始播种，中低海拔地区 3 月底至 4 月初为适宜播种期。播种早晚对大豆产量和质量有很大影响。一般在 4 月中下旬，夏大豆在 6 月上中旬，一般不能迟过夏至，温度稳定在 15 ℃以上即可播种，否则将严重影响大豆产量。

二、重施基肥

根据试验，生产 1 kg 的大豆籽粒，需纯氮 0.053 kg、有效磷 0.01 kg、氧化钾 0.013 kg，还需要少量钙和硼、锰、钼、锌等微量元素。大豆要抢时早播，所以前茬要重施农家肥作基肥，以保证大豆高产稳产。豆类喜磷好钾，施用磷、钾肥既能为大豆提供磷钾营养，同时能促进根瘤菌固氮，增强植株抗病、旱和抗倒伏能力，对后茬作物也有增产作用。一般施磷肥 370 kg/hm^2、钾肥 105～120 kg/hm^2，与有机肥混时施入作底肥。在播种前施尿素 140 kg/hm^2 作基肥。

三、田间管理

（一）苗期管理

大豆播种后一般 7 d 齐苗。要求苗全、苗匀、苗壮。及时间苗，拔除"疙瘩苗""拥挤苗"、小苗、病苗、杂苗。在 2 片单叶平展时间苗，第一片复叶全展时定苗。间苗时应淘汰弱株、病株及混杂株，保留健壮株。及时中耕除草。

（二）开花期管理

要求健壮、防旺、增花、增荚，开花期封垄，结荚期透光。

（1）开花初期喷多效唑抑制剂防止旺长，开花期至花后10 d，根据大豆长势及时追施尿素8~15 kg。大豆花期也是需水的重要阶段，要及时灌水，选在晚上进行。也可采用喷灌的方式，每次浇水量为30mm。若浇水过多，大豆则不能正常生长。大雨后要及时排除田间积水。

（2）结荚期是大豆生长期中需肥最多的时期，施好花荚肥可增产10%以上。配合花期追施氮肥，用磷酸二氢钾100 g/亩、钼酸铵20 g/亩、硼砂100 g/亩加水50 kg稀释后喷于植株及叶片的正反面。叶面喷施磷、钾肥和硼、钼等微肥，增产效果显著。一般喷施2次即可，结荚期喷施调节剂或微肥，保证增花、增荚、提高蛋白质含量，促进早熟，增加粒重。

（3）对花期发生的病虫害，应用高效低毒农药（如灭蝇胺等）按照使用说明防治棉铃虫、造桥虫、菜青虫、豆荚螟等。

（三）鼓粒期管理

要求保绿叶、防落荚、防秕荚、增粒重，荚多粒多，高而不倒。

（1）喷施抗逆性调节剂，如2%二苯基脲水剂、萘乙酸或微肥，保绿叶、防落荚、增粒重，减少瘪粒瘪荚。

（2）大豆鼓粒期为大豆积累干物质最多的时期，也是高产重要时期。在此期间，可喷洒叶面肥，方法是每亩喷洒1%尿素+0.5%磷酸二氢钾水溶液，每隔10~14 d喷1次，有明显的增产作用。

（3）拔除田间杂草，防草害。提倡人工除草，在劳动力成本高的情况下可以用化学除草。豆类田间的杂草有马唐、牛筋草、狗尾草、铁苋菜等杂草。除草不及时（尤其是马唐、牛筋、马齿苋），遇有"连阴雨"，常发生"草吃苗"现象。防止草害的方法，一是结合中耕人工除草，二是化学除草。出苗后，常用的除草剂有精禾草克、盖草能、稳杀得、苯达松等。

（四）病虫害绿色防控

坚持预防为主、综合防治的原则，以健康栽培为基础，合理利用生态调控、生物防治、科学用药等措施。在病虫害发生前期或初期优先选用生物、物理等非化学防治措施，注意保护利用自然天敌和生物多样性。防治食叶害虫在大豆营养生长期可适当减少化学用药，注重开花结荚鼓粒期的防控。药剂防治要根据当地农业农村部门有关规定和指导意见，科学选用药剂，注意合理轮换用药和交替使用。

四、适时收获

实行颗粒归仓、保质增效技术措施。

（1）适时收获。在整株大豆叶、茎、秆发黄脱落，晃动有声音达80%、籽粒水分20%以下干物质积累不再增加时，即可收获。高油大豆适宜早收（黄熟—成熟），高蛋白大豆适宜晚收（过熟期）。

（2）防止爆荚。对于爆荚（颤角）品种要提前收获，防止丢粒。

（3）防丢粒损失。要提前调试好收割机，一旦发现丢粒，立即找出原因，及时加以解决。

（4）防混杂。在收获、运输、晾晒、筛选过程中，采取有力措施防止混杂，保持籽粒纯度。

第四节 芝 麻

一、整地施肥

在前茬作物收获后，要及时抢种，耕地前每亩施农家肥3 000 kg、标准氮肥10 kg、过磷酸钙30~40 kg、硫酸钾10 kg。

耕翻深度以 15~20 cm 为宜，并耙平整细。

二、药剂拌种

播种前每亩用多菌灵可湿性粉剂或 40%多菌灵胶悬剂 5 g，加水调成糊状，与种子拌匀，晾干后播种。

三、适时播种

芝麻在 4—6 月均可播种，每亩用种量 500 g。

芝麻要足墒播种，墒情不足的要造墒播种。芝麻切忌重茬，芝麻重茬，植株矮小，结蒴减少，病害加重，产量很低，因此，一般提倡 4 年两头种的轮作制度。播种后要及时镇压。

四、精心管理

（一）查苗补苗

芝麻出苗后，如出现缺苗，要及时补种或补苗。

（二）中耕除草

第一对真叶出现时，进行第一次中耕，深度宜浅。当长出 2~3 对真叶时，进行第二次中耕。刚分枝时，进行第三次中耕。开花后期，进行浅中耕。

（三）间苗定苗

当第一对真叶出现时，进行间苗，长出 2~3 对真叶时定苗，每亩留苗 1.4 万株左右，行距 47 cm，株距 10 cm。

（四）合理施肥

在施足基肥的基础上，当芝麻苗高 33 cm 时结合施肥进行培土。在始花期每亩追施尿素 10~15 kg，盛花后期用浓度为 0.3%的磷酸二氢钾溶液叶面喷肥 1~2 次。

（五）适当浇水，注意排涝

芝麻是一种不抗涝作物，在苗期只要墒情好，一般不浇水。开花结蒴期，若雨量充足则不浇水，并注意排涝，如遇天气干旱要适当浇水。在封顶期，如果秋旱少雨应浇水，以促使种子饱满，增加产量。

（六）控旺防衰

若芝麻有旺长趋势，在花期每亩用 2.5 g 缩节胺，加水 50 kg 喷 1 次。

（七）打顶促熟

芝麻开花，当下部蒴果接近成熟时，于 7 月底至 8 月上中旬对仍开花的芝麻，趁晴天用手或剪刀将顶尖 3 cm 的花序去掉，以集中养分供应已形成的蒴果，有利于提早成熟，提高产量和质量。

五、病虫害绿色防控

在拔节期用 50% 扑海因 1 000 倍液或 50% 甲基硫菌灵 700 倍液喷洒叶片，防治芝麻角枯病或叶枯病。对地老虎 3 龄前可用 2.5% 敌杀死或 20% 速灭杀丁 1 000 倍液喷雾防治，3 龄后的地老虎采用棉籽饼或麦麸拌毒饵诱杀，或人工捕杀。防治蚜虫可用 10% 吡虫啉可湿性粉剂 2 500~3 500 液或 50% 抗蚜威 2 000~3 000 倍液喷雾防治。

六、适时收获

当芝麻终花 20 d 左右，大部分叶片枯黄，脱落 2/3 以上，蒴果呈黄褐色，下部已有部分开裂，上部蒴果微黄青绿，仍紧闭，用手摇晃下部，蒴果有响声，籽粒呈现固有色泽时收获，并尽量抢在早期霜冻之前收割。

第三章　小杂粮绿色生态种植技术

第一节　高　粱

一、播种前准备

（一）整地保墒

要想保证高粱的高产，不仅需要良好的种植环境，同时还要选择优良的土地，在播种前，需要对土地进行修整，保证土地的平坦及疏松，同时要除去杂草。而整地的深度需要根据土地的湿度来选择，一般情况下，以 30 cm 为宜。

（二）基肥

一般情况下施优质腐熟农家肥 2 000~3 000 kg/亩，肥力较好的地块可以少量施肥。

（三）品种选择

在选择过程中，不仅要根据当地的气候、地势环境进行选择，同时要遵循以下几个原则。

第一，选择高产、抗性强的品种。

第二，根据地块的肥力、当地的加工需求来进行选择。

第三，要选择早熟、抗病虫害、产量高的品种。

品种选择好之后，在选种过程中，要选择表面光滑、光泽度好、没有碎粒的种子，播种前做好种子的处理，选择晴天对种子进行晾晒 4 d，之后要放置于纺织袋中，调节适宜的温度和湿度催芽，催芽温度一般控制在 27 ℃。

二、播种

（一）播种期

环境不同，高粱出苗的时间也不一样，一般在 3~10 d，高粱的发芽需要适宜的湿度及温度，一般最大持水量为 60%~70%，同时要保证温度在 18~35 ℃，最低不得低于 7 ℃。在干旱状态下，要保证高粱的出苗，则要严格控制好播种时间及播种量，这也是确保苗全、苗齐、苗壮的关键因素。播种深度一般是 5 cm。

（二）播种方式

高粱采用等间距条播、穴播，行间距一般控制在 50~60 cm。

（三）播种深度

镇压后的土地一般播种深度是 2 cm，干旱环境下则需要深播。

三、苗期管理

（一）间苗、定苗、补苗

出苗 3~4 片叶全展开后要进行间苗，去除弱小苗，避免苗过多争抢营养。出苗 5~6 片叶全展开后要进行定苗，同时要去除苗间的杂草。在这个时期如果发现有缺苗的情况及时补苗。在苗期，由于生长量小，所需要的营养也少，这个时期可以不需要追肥。但若出现弱苗、补苗的情况下，则需要施一定量的尿素，施肥量为 5~10 kg/亩。

（二）去分蘖

在出苗 6~8 片叶全展开时要及时去分蘖。

（三）除草

一般采用人工除草或除草剂除草，除草剂采用 38% 的莠去津悬浮剂进行喷洒地面，剂量为 250 mL/亩 。

（四）追肥

出苗期一般不需要施肥，而在拔节期需要更多的营养，这个时候就需要追肥，一般用尿素或等氮量化肥，施肥量一般是 20 kg/亩，每年根据土壤中磷含量的高低，决定磷酸钙施用量。若土壤中的含磷量低于 7 mg/kg 时，则需要施 65 kg/亩的磷酸钙，若土壤中的含磷量高于 7 mg/kg 时，则需要施 35~50 kg/亩的磷酸钙。

（五）灌溉及排水

拔节期及抽穗期至成熟期是高粱的生长旺盛期，此时不仅需要更多的营养，同时对水分的要求也较高。要根据土壤的含水量及时灌溉。如果遇到大雨时则要及时排水。

四、病虫害绿色防控

（一）叶斑病

叶斑病可以通过施肥的方式促进高粱的生长，增加高粱的抵抗力。为害严重时，可以选择 70%甲基硫菌灵可湿性粉剂对叶面进行喷洒。

（二）丝黑穗病

通过与其他作物轮流种植，在秋季的时候对土壤深翻，可以减少丝黑穗病。播种前在 45~55 ℃的温水中浸 5 min 接着闷种，在种子萌发之后马上播种，可以降低发病概率。

（三）蚜虫

发生蚜虫时，可以采用 10%吡虫啉可湿性粉剂 2 000~2 500 倍液对高粱的叶面进行喷洒，7~10 d 后根据情况进行 2 次喷洒。

五、适时收获

要选择适宜的时间进行收割和晾晒，从而确保高粱的高产。收割过早，高粱灌浆不足，粒小，造成高粱减产；收割过晚，则会出现高粱倒伏、籽粒脱落等情况，也会造成减产。一般高粱的收获季节在 9 月至 10 月初。收获后防止籽粒发芽、发霉，同时要防止鼠虫的为害。

第二节　谷　子

一、合理密植

高秆大穗及晚熟品种留苗宜稀，矮秆及中早熟品种留苗宜密。春谷留苗应稀些，夏谷留苗应密些。在土壤肥力较高、水肥充足留苗可密些，在旱薄地、肥水不足留苗要稀些。一般要求5~7叶期疏苗，提倡单株留苗，也可小撮留苗（每撮3~5株）。春播一般留苗密度为每亩4万株，夏播4.5万~5万株。

二、肥水管理

（一）谷子需水规律

谷子需水量较少，抗旱能力强，生育期较短，耗水时间短。谷子生育过程中孕穗阶段吸收水分最多，孕穗中后期干旱反应最敏感。灌浆期对干旱反应也很敏感，为谷子需水的第二临界期。灌浆高峰期为灌浆开始后的7~25 d，这是种子形成的关键时期，此时如果营养不良，一部分籽粒会中途停止发育，形成秕粒。在籽粒的完熟期，外界环境条件对籽粒影响很大，此时若遇到连阴天气，或土壤含水量过高，以及氮肥施用过量，往往会出现籽粒倒青现象，最终形成秕粒，如果发生干旱又不能及时浇水，也会形成秕粒。

（二）施肥技术

1. 基肥

基肥一般以农家有机肥为主，还可以配合施用化肥。高产谷田亩施农家肥以5 t为宜，中产田3 t。

2. 追肥

氮肥中以尿素作追肥效果最好。一般来说，氮肥一般分2次施入效果较好。第一次于拔节始期，第二次在孕穗期，但最迟必须在抽穗前10 d施入，在旱薄地或苗情较差的地块，则第一次要多追。

三、病虫害绿色防控

（一）谷子病害

1. 谷子白发病

谷子白发病首选方法是选用抗病品种。药剂防治可采用35%阿普隆拌种，拌药量为种子量的 0.1%~0.2%，还可用 50%萎锈灵、50%地茂松、50%多菌灵拌种，拌药量为种子量的 0.7%。发病谷田应将病株拔除，并带到地外深埋或烧毁，并实行 3 年以上轮作。

2. 黑穗病

防治黑穗病首选抗病品种；用多菌灵、拌种双、拌种灵或 20%氯消散、20%萎锈灵乳剂等拌种；用生物农药内疗素、农抗 769 等进行浸种或拌种；或用 55 ℃温汤浸种 10 min，均可杀灭病菌。也可实行轮作倒茬。

（二）谷子虫害

谷子播种期害虫主要有蝼蛄、叩头虫、谷步甲、根蟓象等。苗期害虫主要有谷磷斑叶甲、网目拟地甲、蒙古拟地甲、蒙古土象、黑绒金龟子、谷子负泥虫、粟凹胫跳甲、粟灰螟、玉米螟、瑞典秆蝇、截形叶螨等。成株期害虫主要有黏虫、东亚飞蝗、稻包虫、稻纵卷叶螟、粟穗螟、棉铃虫、粟缘蝽、斑须蝽、双斑长跗萤叶甲等。目前发生较普遍的有粟灰螟、粟芒蝇、黏虫、粟穗螟、粟凹胫跳甲、蚜虫等害虫。

预防粟灰螟。一是 4 月底前灭茬和粉碎谷草，以消灭越冬虫源；二是因地制宜地适当调节播种期，使宜卵苗期避开螟蛾羽化产卵盛期；三是种植早播谷诱集田集中防治，减轻大面积受害；四是拔除枯心苗控制 2 代螟害。

四、适时收获

在谷子蜡熟末期或完熟初期，当 95%谷粒硬化变黄、种子含水量 20%左右时，应及时收获，避免损失。谷子脱粒后应时晾晒、风干或烘干至谷粒含水量 13%以下时贮藏。

第三节　蚕　豆

一、轮作与整地

种植人员要选择优良的种植品种。同时，要合理安排茬口，避免重茬或迎茬。在整地时要注意深耕细耙，确保地面平整，无大坷垃，达到保墒的效果。前茬作物收获后，要完成灭茬深耕作业，将田间残留物清理干净，然后进行精细整地。一般采用旋耕机作业，深度控制在 30 cm 左右，做到田平沟直，地表平整，蓄水保墒。如果有条件，可加入适量有机肥料，提高土壤有机质含量，增强蚕豆抗病能力。切忌连作，以免造成土壤养分失衡，影响蚕豆正常生长发育。

二、品种选择与种子处理

做好当地主栽品种的提纯、复壮工作，选用经过国家或省级审定且适宜本地区种植的良种。播种前进行晒种、选种等工序，剔除秕粒、病粒、虫粒等不良籽粒，筛选出健康饱满的种子备用。种植人员要在播前选择与当地种植环境相适应的药剂进行浸种消毒，防治地下害虫和苗期病害。

三、播种与密植

3—4 月是蚕豆适播期，此时降水充沛、光照充足，有利于蚕豆快速扎根发芽。播种结束后及时镇压，确保土壤紧实度一致，促进幼苗整齐健壮成长。当幼苗长至 2 叶 1 心时，适当控水蹲苗，防止因干旱缺水而引发猝倒病。"种三空一"的宽行距为 40 cm，窄行距为 20 cm，穴距为 18~20 cm。

四、除草与管理

具体可用乙草胺、甲磺隆等封闭型除草剂进行茎叶喷雾，兑水量为 750 L/hm²，均匀喷洒于土壤表面。蚕豆属于无限生长型，为抑制植株顶部疯长，可在初花期至盛花期进行矮化处理。具体措施为：选晴天下午，将植株顶端的第一个叶片打掉，只留第二片叶子维持生长，从而减少植株高度，改善冠层结构，提高光合效率。

五、适时收获

选择合适的收获时期对蚕豆产量和质量的提升至关重要。

一般来说，当植株下部老叶全部脱落、豆荚呈现黄色、颗粒充实肥大、果壳坚硬时便可采收。采收时应轻拿轻放，避免损伤表皮和籽粒。采摘后应妥善保管，放置干燥通风处，定期检查，防止鼠咬、霉烂变质。收获完成后，需要对蚕豆进行科学贮藏与加工。首先要选择适宜的场地和仓库，远离污染源，避免受潮、发热等。其次，要根据市场需求确定上市时间，分批分期收购。

第四节　豌　豆

一、选地整地

豌豆的种植最忌连作，尤其是与其他豆科植物连作。因为相较于其他豆科植物，豌豆的根系较弱，生长耐涝、怕旱，所以应选择灌溉方便或地势平坦的川地。豌豆种植地在播种前应该深翻施肥，冬季前完成翻耕，早春播种前需要保证充足的水分，当所施肥料为有机肥时应该全田翻施，化学肥料可采用沟施或塘施的方式。土地解冻后整地细耙，保证豌豆出苗整齐，根系发达。

二、选择并处理种子

应选择健康优良的种子，排除被病虫为害的或品相不好（破碎、霉烂）的种子。在播种前 2~3 d 进行晒种处理，提高种子的发芽率。

三、播种时期及方式

豌豆具有良好的抗寒性，播种时期通常选择早春（3月上中旬），播种量以 3~5 kg/亩为宜，播种方式可选择人工播种或机器播种，每塘 1 粒种子，株距 8~10 cm，或者每塘 2~3 粒种子，株距 25~30 cm，播种后覆盖 3~5 cm 厚的土壤，轻轻压实，保证土壤与种子充分接触。

四、田间管理

播种完成后要经常查看，检查发现缺苗情况要及时补苗，保证豌豆尽早出苗，出苗齐全，抑制杂草的生长，在豌豆苗出齐后要进行松土处理，促进豌豆幼苗根茎的发育，生长过程中根据豌豆的情况进行浇水施肥。另外，还要保证土壤磷、钾元素的含量，适当追肥；结荚期对豌豆叶面喷施磷肥或者含锰等元素的肥料，有利于增加结荚数量，保证质量。

五、病虫害绿色防控

（一）农业防治

在选种方面，根据种植地区的实际情况选择抗病品种，严禁豆科植物轮作，打乱病菌侵害趋势；在播种时用种子质量 0.2%~0.3% 的 25% 粉锈宁（三唑酮）可湿性粉剂拌种或用种子质量 0.2% 的 75% 百菌清可湿性粉剂拌种；种植方式要合理，保证植株密度适宜，确保通透性，及时清理田中杂草；科学施肥；收获后及时清理，将病害枝叶进行焚烧处理。

（二）物理防治

针对害虫的趋光性，在田间设置黑光灯诱杀地老虎与夜蛾类害虫；利用南美斑潜蝇成虫趋黄性，采用黄卡灭蝇纸诱杀，这种灭虫设备 7~10 d 更换 1 次。其他类型的虫害根据其特点合理灭杀即可。

（三）药剂防治

药剂防治是防治病虫害的重要手段，要科学合理在保证豌豆安全的基础上进行用药，减少环境污染。常用的病害防治药剂有 75% 百菌清可湿性粉剂 500~700 倍液、30% 特富灵（氟菌唑）可湿性粉剂 1 200~1 400 倍液等；常见的虫害防治药剂有 10% 吡虫啉可湿性粉剂 1 000~1 500 倍液、20% 莫比朗（啶虫脒）可溶性粉剂 2 000 倍液、烟碱乳油 1 000 倍液喷雾防治。每 7~10 d 防治 1 次，喷施 2~3 次。

六、适时收获

一般在 80% 的植株叶片青枯色、荚果枯黄色时开始收割。

干豌豆收获脱粒、清选后于阳光下晒 2~3 d，至豌豆水分降至 12%时，按 20~25 kg/袋封装于透气性良好的尼龙袋中转移至库房，也可放入 4℃冷库中，防止豆象为害。

第五节　绿　豆

一、选地整地

绿豆对土壤要求不严，可选择岗地、沙壤土种植，也可作为填闲栽培，种植在田埂、隙地，一般与玉米、高粱、甘薯等作物混作。绿豆不能连作或与豆科作物重茬，前茬可选禾本科作物。绿豆属深根作物，且叶片为双子叶，叶片肥大，幼苗带子叶出土，出苗力弱。对整地要求较严，播前应深耕、细耙，达到上松下实、深浅一致，否则会影响出苗。直立型品种营养生长较弱，应注意结合整地施用基肥，一般每亩施用腐熟农家肥 2 000~3 000 kg、磷酸二铵 15~20 kg、硫酸钾 10~15 kg。

二、播种

（一）播前晒种、破皮

选晴天晒种 1~2 d，并勤翻动，然后用砖头稍稍磨破种皮，以促进吸水和发芽。

（二）播种方式、时期

绿豆的播种期长，春播、夏播均可，一般掌握春播适时、夏播抢早的原则。春播可在气温 12~14 ℃时进行，即春绿豆于 4 月底 5 月初播种，夏绿豆可于 6 月上旬至 7 月上旬播。与玉米混种时要等到玉米齐苗，于 5 月中旬在 2 株玉米间种一穴。甘薯沟套种可于栽秧后点播，穴距 50~60 cm。

三、田间管理

（一）查苗补苗

苗齐、苗壮是绿豆丰产的前提。绿豆出苗后，及时查苗补苗，发现有缺苗断垄时，应及时补种，补种力求 7 d 内完成。

（二）间苗定苗

绿豆适时间苗、定苗是简便易行的增产措施。第一片复叶展开后间苗，第二片复叶展开后定苗。绿豆间苗、定苗时，注意每穴留壮苗 2~3 株，要间小留大、间杂留纯、间弱留壮。

（三）中耕除草

绿豆生长在高温多雨季节，田间容易滋生杂草，与绿豆争肥、争水、争光，因而要及时除草。除草可结合中耕进行。结合间苗第一次中耕除草，要求浅锄；结合定苗进行第二次中耕；分枝期进行第三次深中耕，并封根培土，以防绿豆中后期倒伏。

（四）肥水管理

绿豆虽有根瘤菌，但幼苗期根系生长不发达，根瘤菌固氮作用不完备，吸收养分有限，要获得高产必须适时施用提苗肥，尤其麦收后抢茬直播来不及整地施底肥的夏绿豆地块，提苗肥更为重要，一般每亩追施尿素 4~5 kg，以促进苗体健壮生长。

绿豆现蕾期为需水临界期，花荚期达到需水高峰。开花以前绿豆抗旱，开花以后干旱易导致落花落荚，应使土壤有足够水分，相对含水量以 60%~70% 为宜，超过 70% 会徒长并可能倒伏。

（五）适时摘心

绿豆为无限结荚习性，为控制徒长，可于结荚期 7 月摘去顶端生长点，以控制徒长，增加荚数。

（六）病虫害绿色防控

绿豆主要病虫害有叶斑病、蚜虫和绿豆象等。叶斑病可于绿豆现蕾期用 40% 多菌灵可湿性粉剂 1 000 倍液，或 80% 代森锰锌可湿性粉剂 400 倍液，每隔 7 d 喷洒 1 次，连喷 2~3 次，能有效控制病害流行。蚜虫可用 50% 马拉硫磷 1 000 倍液或 25% 亚胺硫磷乳油 1 000 倍液喷洒。绿豆象是绿豆主要的仓库害虫，可将绿豆放入沸水中 20 s，捞出晾干或用 0.1% 花生油敷于种子表面等方法杀死成虫和防止绿豆象产卵，或用磷化铝熏蒸。

四、适时收获

对小面积栽培，可在80%以上豆荚变黑成熟时，早晨趁潮湿，一次性人工割倒、晾晒、压场脱粒。对大面积栽培，可采用机械按行割倒，晾晒3~6 d，再用机械捡拾脱粒。收获后，及时晾晒、清选，含水量低于13%时即可入库保存。

第六节　红小豆

一、种子处理

将种子进行人工精选，去除杂质和坏粒等使种子达到精量点播的标准，播种前选择晴朗的天气进行晒种2~3 d，晒种后采用种衣剂进行种子包衣，可选用土林神拌种王，药种比例为1：（50~60），阴干后播种。

二、选地整地，合理施肥

选择在上年没有使用过阿特拉津、豆磺隆、广灭灵、普施特等长效农药的地块，以免产生药害，造成不必要的损失。红小豆拱土能力较弱，要精细整地，整平耙碎，早春顶浆打垄，及时镇压，保持土壤墒情。结合整地每公顷施入精制有机肥100~150 kg、磷酸二铵150 kg、硫酸钾50 kg；或者施入硫酸钾型48%复合肥含量（其中N：P：K分别为13：23：12）250 kg，可根据土壤肥力和实际生产情况增减肥料用量，底肥一次施足，满足整个生育期的营养需要。

三、适时播种，合理密植

红小豆是喜温作物，发芽的最低温度为8 ℃，最适宜发芽温度为14~18 ℃，因此播种不能过早，田间播种地温应稳定在15 ℃以上，适宜播期为5月下旬至6月上旬。垄作栽培，垄距65 cm，株距10~15 cm。播种量45~60 kg/hm²，垄上条播，播深 3~4 cm 播后及时镇压。

四、加强田间管理

（一）间苗、定苗及中耕

苗出齐后及时间苗，第一复叶期定苗。要留壮苗、大苗，拔掉弱苗。出苗后结合间苗第一次铲蹚，要深蹚少放土，防止压苗，有利提高地温。第一次铲蹚后 10 d 左右进行第二次中耕。开花前结合除草进行起垄培土。后期拔 1 次大草。

（二）喷施叶面肥

在红小豆初花期，每公顷应用磷酸二氢钾 3 kg 与强力多维生根壮苗剂 24 小袋（每小袋 25 g）与 24 小袋（每小袋 6 g）高能肽，兑水混匀后进行叶面喷雾，药液重量在 500 kg 左右，可起到促进红小豆花芽分化、提高结实率的效果。

五、病虫害绿色防控

红小豆病毒病和蚜虫、红蜘蛛等病虫害较重。病毒病可应用吗胍·乙酸铜 800 g/hm^2，速停 0.5% 香菇多糖水剂 40 g/hm^2，或选用诺尔立克、病毒 A、精品菌毒杀星等药品防治。蚜虫、红蜘蛛及时应用 5% 啶虫脒、4% 剑诛等防治。

六、适时收获

红小豆成熟期不一致，往往基部荚果已呈黑色，而上部的荚果还是青色，或尚在灌浆。收获适期应掌握在田间大多数植株上有 2/3 的荚果变黄时，及时收获，过晚易裂荚。采收最好在早晨或傍晚进行，严防在烈日下作业，避免机械性炸荚，降低田间损失率，做到颗粒归仓。收割后在田间晾晒 3~4 d，豆荚全部变黄白色，籽粒达到固定形状与颜色、水分 18% 左右时运回晒场用碌子压或用脱粒机立即脱粒，不要堆成大堆，以免长时间存放发生霉粒，影响色泽和质量，造成损失。

第四章　蔬菜绿色生态种植技术

第一节　茄　子

一、壮苗培育

为达到壮苗培育的目的，在播种前期应采用10%磷酸三钠浸泡种子18 min。浸泡后，用清水缓慢冲洗30 min。随后利用1 g赤霉素与2 000 mL水混合，将消毒后种子放入溶液内浸泡240 min左右，浸泡后，用清水缓慢冲洗10 min左右。在打破种子休眠模式后，可以利用干土与种子搅拌均匀，根据前期设计密度、时间科学播种。

二、定植管理

在幼苗生长出6片真叶后，可以进行定植。

在苗床处理完毕后，应为每株茄苗提供6.0 cm×6.0 cm左右的生长空间，尽可能选择营养杯育苗的方式。根据茄子的收获期，可以选择不同的定植密度。如对于春茄子而言，每亩栽植密度控制在750株左右，而对于秋茄子而言，每亩种植密度控制在1 150株左右。

在定植完毕后，应淋足定根水，在缓苗7 d后施加少量肥水。

三、肥水管理

在茄子植株上对茄坐稳前，在施加肥水时避免选择氮肥。每亩可用45 kg钾肥、50 kg尿素与20 kg玉米麸混合，或者在两植株间施加45 kg氯化钾与45 kg过磷酸钾混合物。每隔7 d进行1次肥水淋施，可以有效延长果实采收期，提高产量；而在对茄坐稳后，应依据21∶21∶15的比例，将氮肥、钾肥、磷肥拌合，保证充足氮元素、钾元素供给。在茄子收获期间，每间隔 10 d 需要施加 1 次氮磷钾复合肥。

四、整枝及采摘

在整理枝干时应选择多秆整枝的方式，即在保护已挂果枝条的基础上，将茄子果实以下叶片全部摘除，并将病弱枝条、老枝条全部摘除。

五、病虫害绿色防控

（一）病害防治方法

猝倒病可以采用氧氯化铜 750 倍液，或 3.0% 甲霜·噁霉灵 300 倍液、95.0% 绿亨一号淋洒，具有良好的防治效果。针对褐纹病，可以在发病症状不明显时，及时摘除出现明显症状的枝条，并利用易斑净 800 倍液与 3.0% 甲霜·噁霉灵水剂 300 倍液混合均匀喷施。

（二）虫害防治方法

茄子生长时期，螨类、蜘蛛、蓟马等虫害发生概率较大。在具体防治阶段，可根据不同虫害生长特性进行针对性防治。例如，对于螨类，可以在茄子开花时期，利用克螨特、绝螨王，根据说明书要求均匀喷杀；对于蜘蛛类害虫，可以采用功夫、天王星等药物，根据虫害发展情况，结合说明书要求均匀喷杀；对于蓟马类害虫，可以选择阿维吡虫啉、赛电 4 号等吡虫啉类农药，在茄子盛花期及时防治。

六、适时收获

当茄子成熟时应及时采摘，避免过度成熟而影响产量和品质。将茄子存放在阴凉通风处，延长茄子的保鲜期。

第二节 番 茄

一、定植

一般地区番茄在 5 月下旬至 6 月上旬定植，定植时苗龄在

50 d 左右。定植区域要求排水良好,地下水位低。每亩施腐熟有机肥 2 500~3 000 kg,饼肥 100 kg、复合肥 50 kg、过磷酸钙 20 kg,基肥沟施。深沟高畦连沟 1.3 m。每畦栽 2 行,株距 30 cm。定植深度因地下水位高低而定,地下水位高则宜浅,反之则宜深,有利于减少枯萎病的发生。

二、中耕松土

移栽成活后及时中耕松土,促进缓苗。缓苗后不浇水,进行蹲苗,促进根系下扎。后期适当培土,促进不定根产生。

三、肥水管理

番茄生长前期降雨要及时排水,做到雨停畦干。进入旺盛生长期,耗水量增加。视土壤墒情,及时排灌,保持土壤湿度,不能忽干忽湿,以免产生裂果。追肥在第一穗果坐稳后进行,宜薄肥勤施,每 10 d 亩追腐熟饼肥 20 kg,1∶3∶0.8 的尿素、过磷酸钙、氯化钾复合肥 8~10 kg。

四、病虫害绿色防控

(一) 褐斑病

发病初期可选用 50% 多菌灵可湿性粉剂 800~1 000 倍液、70% 甲基硫菌灵可湿性粉剂 800~1 000 倍液或 0.5∶0.5∶100 倍波尔多液(苗期使用时浓度要低些,用 0.5∶0.5∶200)或 50% 多硫悬浮剂 600 倍液喷施防治。一般每 10 d 喷 1 次,连续防治 3~4 次。

(二) 枯萎病

将青枯立克按 600 倍液稀释,每平方米 3 L 在播种前或播种后及栽前苗床浇灌,在定植时或定植后和预期病害常发期前,用青枯立克溶液进行灌根,每 7 d 用药 1 次,用药次数视病情而定。病害严重时,可适当加大用药量。

(三) 棉铃虫、烟青虫、斜纹夜蛾、甜菜夜蛾

用 20% 甲氧菊酯(扫灭利)2 000 倍液、2.5% 溴氰菊酯(敌杀死)2 500 倍液、5% 抑太宝 2 000 倍液、2.5% 功夫

3 000 倍液喷洒，于早晚喷洒效果较好。发现已受害果实（即虫钻入果实内）时，应进行人工摘除并全面喷药。

五、适时收获

番茄的成熟时间因品种、气候等因素而异，一般在播种后 70~90 d 开始收获。当番茄表面颜色由绿变红、手摸果实硬度适中时，表示已经成熟。

第三节　辣　椒

一、育苗

（一）苗床准备

地块选择背风向阳、土壤疏松肥沃、排灌方便、3 年内未种植过茄科类作物的土地；先深翻晒垡，细碎土垡，按每平方米园土 6 份、腐熟有机肥 4 份、75 g 普通过磷酸钙和 60 g 硫酸钾充分混匀；按畦宽 1.2 m，长度适宜做成平畦苗床。苗床按每平方米用福尔马林 30~50 mL 加水 3 000 mL 喷洒，用薄膜密封 2~3 d 进行消毒后，再播种。

（二）种子处理

应选取饱满、有光泽的种子，用 25~30 ℃清水浸种 4~5 h，按每千克种子用 50% 多菌灵可湿性粉剂 2~4 g 拌种后播种。

（三）播种

选择无风、晴朗的天气，午前播种，每平方米播种量 10~15 g。播种前苗床浇足底水，待水渗完后把种子均匀撒播于苗床上，盖上 1 cm 左右苗床土，再用地膜覆盖保温保湿，然后再扣上塑料拱棚防寒。定植后，发现死苗、缺塘，应立即补苗。

二、灌水排水

辣椒苗既不耐水，又不耐旱。要获高产，既要灌水又要注意排水，以免受涝，糟根死苗；开花结果期，要适时灌溉充足的水分，但切勿大水漫灌。

三、追肥

在施足底肥的基础上，根据不同的生育期，适时适量追肥，做到"轻施苗肥、稳施花蕾肥和重施果肥"。

四、防止落花落果

辣椒早期因温度过低（低于 15 ℃）或后期温度过高（高于 35 ℃）花器受损、受精不良或营养不足和病虫害等导致落花落果。温度不适引起的落花落果采用 25～50 mg/kg 的防落素在开花前 1～2 d 喷花，效果较好。

五、病虫害绿色防控

（一）病害

辣椒的主要病害有炭疽病、猝倒病、辣椒疫病、生理性烂根病、病毒病等。

要求充分暴晒土壤或土壤消毒；多施有机肥；采用深沟高畦栽培以降低地下水位，使土壤疏松干燥，有利于根系发育。在发病初期可用多菌灵、敌克松、甲基硫菌灵、百菌清等农药防治，病毒病要以防治蚜虫为主。

（二）虫害

辣椒主要害虫有蚜虫、烟青虫、小地老虎等。

1. 蚜虫防治

清洁田块，减少虫源。银灰色薄膜覆盖。黄板诱杀。可选用 20% 氰戊菊酯、2.5% 功夫、5% 的吡虫啉、50% 抗蚜威、2.5% 天王星等药剂喷施。

2. 烟青虫防治

翻耕或灌水杀死土中虫蛹，减少越冬虫源。黑光灯诱杀或性诱剂诱杀成虫。现蕾或初花期用杀螟杆菌、2.5% 天王星、2.5% 功夫等药剂喷施。

3. 小地老虎防治

清洁田块，消灭虫卵及幼虫。用糖醋液、鲜草或菜叶加敌百虫诱杀成虫。清晨扒开被害植株周围表土，捕捉幼虫。用2.5%的敌杀死、2.5%高效氯氰菊酯喷雾防治或用50%辛硫磷、48%乐斯本灌根。

六、适时收获

在气温较低、环境干燥的情况下收获，红熟一批收获一批，减少不熟果和过熟果比例。收获过程轻拿轻放，轻装轻卸，防止机械损伤；收获后及时销售或晾晒贮藏。

第四节　黄　瓜

一、选种与播种

想要实现高效高产，首先需要选择合适的黄瓜品种。要根据种植当地的实际自然环境选择品种，如在寒冷、降水量小的北方，要种植抗寒、抗旱的品种；在南方地区，则要选取需水量大、对涝灾具有一定耐受性的品种。选择合适的品种后，应根据气候情况和平均气温选择播种时机，只要温度能达到种子萌发所需条件就可播种，可在春夏两季种植，一般来说，春季于1—3月播种，要采取覆膜的方式提高温度，保护幼苗；夏季则一般在6—8月播种，温度较高，出芽率高，可进行浸种或干种播种。

二、施肥

施肥会直接影响黄瓜的长势，可在整地翻耕时施加农家肥，同时增添适量的过磷酸钙。基肥具有较长时间的效用，植株苗期生长所需的营养物质都能依靠基肥来提供，当植株具有2~3片真叶时，需要追肥，大约每隔1周施加1次尿素，起到壮苗效果。

三、浇水

黄瓜喜湿润，可根据上述分析进行水分的控制，并采取多次浇水、减少每次浇水量的方法，合理控水。黄瓜开花期间对水的需求量最大，要增加浇水量，保证植株生长所需。

四、搭架

当秧苗出现卷须时，需要开始搭架，要让黄瓜的秧苗能顺利缠绕和附着在架子上，使果实都能悬挂在空中，避免接触地面，同时增加种植区域的透光性和通风，并每隔 3~4 d 对藤蔓进行 1 次整理，使其能均匀牢固地附着在架上，增加产量。有些品种的黄瓜还需要进行摘顶整枝，要根据实际情况进行调整。

五、病虫草害绿色防控

应定期查看瓜田中植株的生长状况，除去杂草，避免其与植株争夺生存资源，可使用适量的除草剂，但要注意用量，避免影响黄瓜的生长情况。可使用稀释后的农药进行喷洒，但不能过量使用，防止造成生态污染，应尽量采用生物防治法，防治病虫害。

六、适时收获

春季播种的黄瓜一般在 55 d 后可进行收获，在夏季则为 35 d，开花期之后 10 d 左右就能采摘果实。在其表皮颜色从暗沉的绿色变为鲜亮颜色并具有光泽、花还未脱落时采集，口感最好，品相最佳。第一批果实需要尽早采摘，防止影响后续果实的生长，或者增添植株的负担。

第五节　西葫芦

一、选种良种

要注意选择成熟期较短、抗热性及抗病性力强、植株长势强壮的优良品种。

二、培育壮苗

（一）壮苗指标

壮苗标准是西葫芦株高 15 cm，茎粗 0.5 cm，2~3 片真叶，植株节间较短，根系发达，无病虫害。育苗应做到以下几点：土坨大（12 cm）、苗龄短（日历苗龄 5 周）、温度低（白天 20 ℃、夜间 10 ℃）。

（二）播种

种子泡 60 ℃温水中 12 min 消毒，浸种 8 h，湿纱布包好，26 ℃催芽 2 d。育苗营养土为有机质与肥园土各半。混匀装塑料杯，播发芽种子，覆土 2 cm，育苗床内铺设地热线保温。

三、施足基肥

西葫芦需肥较多。每亩施优质肥 1 400 kg，并与草木灰按比例混合。

四、病虫害绿色防控

及时预防病虫害发生是保证获得高产稳产优质产品的良方。对于发生的病虫害要及早防治。病毒病是由烟粉虱为害传播引起的，防治病虫最有效的方法是，播种前用 60% 苯甲吡虫啉悬浮种衣剂，或 70% 噻虫嗪种子处理剂+2.5% 咯菌腈悬浮种衣剂等药剂，按药种比 1∶300 拌种，可有效防止烟粉虱为害和病毒病发生。

五、适时收获

以食用嫩瓜为主，达到商品瓜要求时进行采收，长势旺的植株适当多留瓜、留大瓜，徒长的植株适当晚采瓜。长势弱的植株应少留瓜、早采瓜。采摘时不要损伤主蔓，瓜柄尽量留在主蔓上。

第六节　苦　瓜

一、培育壮苗

播前用 55~60 ℃温汤浸种 15 min，浸种时不断搅拌，水温下降后常温浸种 12~24 h。捞出捏破种嘴，也可不动种子尖端但出芽慢。然后放在 30~35 ℃条件下催芽，发芽后播种，也可以直接播在直径 8~10 cm 的塑料营养钵中。整个苗期控制 8 h

左右日照，白天温度控制在 15~25 ℃，夜间 10~15℃。苗龄 34~45 d，有 5~6 片真叶时可定植，定植前 10 d 开始炼苗，前 5 d 保持白天 15~25 ℃、夜间 10~15 ℃，后 5 d 温度降到 10~12 ℃。

二、适时定植

在温室或大棚内土壤温度稳定在 10% 以上，棚内气温不低于 0 ℃时，即可定植。整地时每平方米施腐熟农家肥 6~8 kg，过磷酸钙 100 g，硫酸钾 30 g，然后耕翻土壤，做成高畦，畦上覆地膜，膜下可以铺设滴灌管带，既满足植株对水的需求，又可控制棚内空气湿度。畦上栽双行，行距 60~130 cm，株距 45~65 cm，亩定植 1 000~1 500 株。

三、田间管理

定植后没覆膜的应及时中耕除草，植株进入旺盛生长期应经常浇水，保持土壤湿润。抽蔓后及时搭建"人"字形瓜架，距地面 50 cm 以下的侧芽和侧枝及时摘除，充分发挥主蔓的结果优势。也可在结第 1~5 瓜后，将基部侧枝一律去掉，及时疏掉多余雌瓜和雌花，在瓜与瓜之间有 2~3 个空节。5 节左右绑 1 次。采收两个果实后，看侧枝 1~3 节有无雌花，有则保留，没有剪去。到盛果期还要进行 2 次整枝。

四、合理追肥

苦瓜生长期长，结果多，对肥水的需求高。定植后结合灌水，每隔 15~20 d 追 1 次复合肥，每亩 10 kg。开花结果期隔 7~10 d 喷施 1 次 0.2% 尿素和 0.3% 磷酸二氢钾混合液。盛果期后增施过磷酸钙 2 次，以延长采收时间。

五、适时收获

一般开花后 12~15 d 收获，收获时间以早晨为好，一般亩产 1 000~3 000 kg。有条件者可在坐瓜后套袋。套袋后瓜表面可变为纯白色，皮薄肉嫩。收获标准为：果实充分膨大，果皮有光泽，瘤状凸起变粗，纵沟变浅并有光泽，尖端变平滑。

第七节 冬 瓜

一、选地整地

选择排灌便利、保水保肥、土质疏松透气、有机质含量丰富的地块种植，避免与瓜类作物连作。播种和定植前深翻晒垡，增施有机肥，并适量施用磷、钾肥，增强植株抗逆能力。冬瓜根系不耐涝，南方地区降水多，应筑高畦深沟栽培，北方地区则可平畦栽培。

二、适期播种

（一）浸种催芽

将种子放在55 ℃温水中15 s，待水自然冷却至30 ℃时再浸种5~6 h，然后将种子捞出搓洗干净，用干净纱布包好置于30 ℃条件下催芽。

（二）播种

春茬在12月至翌年3月播种，采用营养钵育苗；用肥沃土、腐热猪粪、沙子按6∶3∶1比例混合配制营养土，播前营养土浇透水；播种时将种子平放在穴内，播种深度2~3 cm；真叶展开后选晴暖天气定植于大田。秋茬在6—7月播种，种子经浸种催芽后可点播到大田。每公顷用种量750~1 500 g。

三、肥水管理

冬瓜施肥应注意氮、磷、钾合理搭配，避免偏施氮肥，以防引发疫病、枯萎病和果实绵腐病。定植后浇施稀薄粪水2~3次，促进植株生长；伸蔓期浇1次透水；当果实长到拳头大小时追施坐果肥，每公顷随水滴施尿素225 kg。冬瓜需水量大但不耐涝，应保持适宜的空气和土壤湿度。

四、病虫害绿色防控

冬瓜病虫害主要有枯萎病、白粉病、疫病、白粉虱、红蜘蛛、瓜实蝇等。枯萎病发病初期可选用瓜枯宁、绿亨等药剂灌根防治；白粉病可用 25% 三唑酮 1 000~1 500 倍液防治；疫病可选用 65% 代森锌可湿性粉剂 500~600 倍液、58% 雷多米尔锰锌可湿性粉剂 800~1 000 倍液、72% 克露可湿性粉剂 600 倍液等防治；白粉虱可用世高 1 500~2 000 倍液防治；红蜘蛛可用除尽 1 500 倍液喷雾防治；瓜实蝇可用 40.7% 乐斯本 1 000 倍液或敌百虫 1 000 倍液喷雾防治。

五、适时收获

花谢后 30~35 d、果实皮质开始变硬、果皮出现白色蜡粉时即可收获，采收时连果柄一起摘下。采收前不宜施肥或浇水，以降低果实含水量，利于贮藏和运输。果实外表有伤口的冬瓜不宜贮藏。

第八节　大白菜

一、整地施基肥

一般要求前茬收获后，清除地内及周围杂草，并喷药灭蚜，随即灭茬翻耕，翻耕深度为 20~25 cm。翻耕时结合施入基肥，应施入大量的有机肥，按亩产净菜 5 000 kg 计，宜施用腐熟厩肥 4 000~5 000 kg、过磷酸钙或复合肥 25~30 kg。

二、合理密植

每亩种植的株数，平常生长期 60~70 d 早熟的小型品种，可密植 3 000~4 000 株；80~90 d 的中熟、中型品种为 2 000~2 500 株；100 d 左右晚熟的大型品种仅 1 500~2 000 株。不同特性的品种行株距差别很大，行距在 50~80 cm，株距在 40~70 cm。

三、直播与育苗

高垄条播时，如墒情不足，可在高垄中间开 4~5 cm 的浅沟，顺沟浇足水，随即覆土，36 h 后用钉耙除去浮土，保持盖土 1.5 cm 左右。播种量亩用种 150~300 g，穴播减半。为了防止地温过高，可以采取隔沟灌水的方法。条播适合于平畦或高垄在土壤墒情好的时候进行。

四、追肥

为了促进幼苗健壮生长，并促进后续生长。追肥应以速效性氮肥为主，用量宜少，以弥补基肥发挥作用缓慢的不足。通常情况结合间苗进行追肥，亩施硫酸铵 7~8 kg。在地力差、基肥不足的情况下，选用生长期长的大型品种，播期偏晚的情况下也可增施种肥，每亩用尿素 2.5 kg。

五、灌溉

幼苗期须抓浇水降温措施。此阶段叶小而少，需水并不多；不过由于根系入土尚浅，加之气温高，表层土干得快，不但对幼苗的正常生长有影响，且易导致病毒病的发生。有效的措施在于运用浇水技术，做到既供水，又降温，使幼苗得以正常生长。

六、病虫害绿色防控

（1）轮作。与非十字花科作物轮作倒茬。

（2）及时清除田间农作物病残体、杂草和农用废弃物，减少病原菌、虫源数量。

（3）灯光诱杀。每 2~3 hm^2 悬挂一盏电子杀虫灯，离地 1.2~1.5 m，诱杀甜菜夜蛾等害虫。

（4）银灰膜避蚜。设施栽培可铺设或悬挂银灰膜驱避蚜虫等害虫。

（5）性诱剂捕杀。设置害虫性诱剂，诱杀雄性成虫，减少害虫成虫的交配次数，降低产卵量，控制田间虫口密度。

（6）生物防治。保护和利用自然天敌昆虫。小菜蛾、甜菜夜蛾在虫龄小、虫量低时可用 Bt、小菜蛾颗粒体病毒、植物源杀虫剂等。枯萎病应着重在种植前采用枯草芽孢杆菌进行土壤处理或在苗期灌根处理。

七、适时收获

早熟品种以鲜菜供应为主，宜于充分结球期适时收获上市。中晚熟品种在北方以冬贮供应为主，宜于叶球充分成熟、严霜来临前收获；贮藏时应在田间摊开，按根部朝南顺行排列，光晒 2~3 d，再翻过来晒 2~3 d，待外叶萎蔫、根部伤口愈合后进行贮藏。若外温不特别低，可在田间短期堆藏，直至天气转冷稳定时入窖。

第九节　茼　蒿

一、品种选择

茼蒿以叶片大小、缺刻深浅不同可分为大叶种和小叶种两大类型。小叶茼蒿又称花叶茼蒿和细叶茼蒿，叶片为羽状深裂，叶形细碎，叶肉较薄，且质地较硬。

二、栽培方式

茼蒿为冷凉性叶菜，不耐高温，一般多春秋两季栽培。春秋两季可进行露地栽培，冬、早春茬栽培须在塑料中小拱棚、大棚或日光温室中进行。春季栽培播种多在 3—4 月；秋季栽培在 8—9 月，分期播种，也可在 10 月上旬播种。选用蔬菜大棚种植茼蒿，最好选在 12 月上旬进行播种，可赶在春节前上市，此时蔬菜价格普遍较高，容易获得更高的经济效益。

三、种子处理

茼蒿播种前宜进行浸种催芽处理。即用 30 ℃左右的温水将种子浸泡 24 h，捞出用清水冲洗，除去杂物及浮面的种子，晾干种子表面水分，在 15~20 ℃温度下催芽。催芽期间每天检查

种子并用清水淘洗 1 次，防止种子发霉。待种子有 60%～70%
"露白"时即可播种。

四、造墒播种

无论是干籽播种还是催芽播种，都可以分为撒播和条播。
在条播时，在畦内按照 15 cm 左右开沟，沟深为 1 cm。在沟内
用壶浇水，水渗后即撒播种子，用取出的沟内土均匀撒布覆盖。

五、病虫害绿色防控

茼蒿主要病害有猝倒病、叶枯病、霜霉病、炭疽病、病毒
病等，在发病初期，喷施 40%多硫悬浮剂 500 倍液，或 70%的
甲基硫菌灵可湿性粉剂 500 倍液，或 50%的扑海因可湿性粉剂
1 500 倍液。每隔 5～7 d 喷 1 次，连续喷 2～3 次。虫害有蚜虫、
白粉虱、菜青虫、小菜蛾、夜蛾等。在病虫害防治上要坚持
"预防为主、综合防治"，做到农业防治、生物防治、物理防治
相结合的原则，从而达到绿色防治的效果。

六、适时收获

分一次性收获和分期收获两种。一次性收获是在播后 40～
50 d、苗高 20 cm 左右时贴地面收割。分期收获有两种方法：
一是疏间采收，二是保留 1～2 个侧枝割收，隔 20～30 d 可再次
割收 1 次，以延供应期，一般亩产 1 000～1 500 kg。

第十节　空心菜

一、整地播种

一般采取直播方式。播前深翻土壤，每亩施腐熟有机肥
2 500～3 000 kg 或人粪尿 1 500～2 000 kg、草木灰 50～100 kg，
与土壤混匀后耙平整细。播种前首先对种子进行处理，即用
50～60 ℃温水浸泡 30 min，然后用清水浸种 20～24 h，捞起洗
净后放在 25 ℃左右的温度下催芽，催芽期间要保持湿润，每天

用清水冲洗种子1次，待种子破皮露白点后即可播种。每亩用种量6~10 kg。播种一般采用条播密植，行距33 cm，播种后覆土。也可以采用撒播或穴播。

二、田间管理

空心菜对肥水需求量很大，除施足基肥外，还要追肥。当秧苗长到5~7 cm时要浇水施肥，促进发苗，以后要经常浇水保持土壤湿润。每次采摘后都要追肥1~2次，追肥时应先淡后浓，以氮肥为主，如尿素等。生长期间要及时中耕除草，封垄后可不必除草中耕。

三、病虫害绿色防控

空心菜的病虫害主要有白锈病、菜青虫、斜纹夜蛾幼虫等。白锈病，可采用1∶1∶200波尔多液或65%代森锌500倍液防治，每隔10 d喷1次，以控制病情不发展为宜；菜青虫、斜纹夜蛾幼虫可用20%速灭杀丁8 000倍液防治。

四、适时收获

如果是一次性收获，可于株高20~35 cm时一次性收获上市。如果是多次收获，可在株高12~15 cm时间苗，间出的苗可上市；当株高18~21 cm时，结合定苗间拔上市，留下的苗子可多次采收上市。当秧苗长到33 cm高时，第一次采摘时茎部留2个茎节，第二次采摘将茎部留下的第二节采下，第三次采摘将茎基部留下的第一茎采下，以促进茎基部重新萌芽。

第十一节　花椰菜

一、整地、施肥

花椰菜对土壤条件要求较高，应选择灌排水条件好、土壤肥沃的地块。需施足底肥，若肥料不足，植株体小，花球也小。施磷肥能促进花球形成，缺钾肥易发生黑心病，所以施肥要农家肥、化肥结合，氮、磷、钾肥配合。一般每亩施腐熟的农家肥 5 000 kg、尿素 10 kg、磷酸二铵 10 kg、硫酸钾 5 kg、硼钼微肥 2~3 kg，深耕整平，做成宽 0.8~1 m 的平畦。

二、定植

定植不宜过早，过早因地温低、气温多变而缓苗慢、生长慢，植株定植后会发生"早期现球"现象。定植过晚，则成熟期拖后，栽培效益降低。

三、田间管理

要加强定植后的田间肥水管理，特别是要掌握好蹲苗技术。春花椰菜定植后马上浇水，不宜长蹲苗。浇过定植水 4~5d 后，依土壤干湿状况再浇缓苗水。基肥不足时，可在缓苗水中加肥促进外叶生长。待地表面稍干时，进行中耕松土，连续 2~3 次，先浅后深，以提高地温，增加土壤透气性，促进根系发育。结合中耕适当给植株培土，以防止后期植株倒伏。莲座期浇水追肥，每亩施尿素 15~20 kg。

四、病虫害绿色防控

花椰菜全生育过程中主要病害有猝倒病、立枯病、根肿病、黑腐病、霜霉病、黑斑病、菌核病、软腐病；虫害有蚜虫、小菜蛾、菜青虫、夜蛾、小地老虎等。

充分利用当地的农业、物理等技术措施，如应用抗病品种、种子消毒、培育无病壮苗、严格管理、清洁田园等技术。在此基础上，做到病害以防为主，害虫以查虫治虫为主，适时选用无公害农药（低毒低残留的生物源农药）把病害控制在发生为害初期，害虫控制在点片发生阶段。

五、适时收获

适时收获是优质高产的重要措施。标准是花球充分长大，表面平整，基部花枝略有松散，边缘花枝开始向下反卷而尚未散开。收获时每个花球外面带 5~6 片小叶，保护花球。

<h1 style="text-align:center">第十二节　菠　菜</h1>

一、播种期

最早播种期为 2 月上旬，称为顶凌菠菜。播种期一直可延迟到 3 月下旬。

二、整地

耕翻土地，整平耙细作畦，然后畦内施足底肥，浅翻以混匀肥土，耙平，待播。

三、播种

圆叶菠菜播种量 50~60 kg/hm²，播种前 3~4 d 将种子在 15~20 ℃水中浸泡 6~10 h，然后在 24~26 ℃条件下催芽。在畦内按 10 cm 行距开浅沟。条播种子后，覆土镇压，然后浇水，或先浇底水，撒播种子，然后覆土。

四、田间管理

幼苗 4~5 叶时及时浇小水。补充幼苗生长所需水分，但水量不宜过大，以免引起地温下降。土壤适耕时条播地块及时中耕松土，提高地温，促进生长。10 余天后再浇第二水，结合浇水进行追肥。菠菜 15~20 cm 高时浇第三水。

五、病虫害绿色防控

防治菠菜猝倒病：用 58%甲霜锰锌可湿性粉剂 800 倍液，或 72.2%普力克水剂 400 倍液喷雾。

防治菠菜心腐病：发病初期用 36%甲基硫菌灵悬浮剂 500 倍液，或 72.2%普力克水剂 400 倍液喷雾。

防治菠菜银纹夜蛾：喷药防治的最佳时期为卵孵化盛期至 3 龄幼虫之前在叶的正反两面都要喷到。所用药剂有 10%二氯苯醚菊酯乳油 1 000~1 500 倍液，或 2.5%溴氰菊酯乳油 2 000~3 000 倍液，或 20%灭扫利乳油 3 000 倍液，或 2.5%天王星乳油 3 000 倍液，或 10%菊马乳油 1 500~2 000 倍液，或 50%辛硫磷乳油 1 000~1 500 倍液等。

六、适时收获

秋菠菜可在 10 月陆续收获。用冻藏方法贮藏菠菜成本低，质量好，时间长，可于元旦和春节上市。

第十三节 芹 菜

一、播种

每亩播种量 1.5~2 kg。芹菜种子细小，一般千粒重只有 0.5~0.6 g，为利于均匀播种，播前用蔬菜栽培种子量 3~4 倍的干细土或适量干草木灰等拌种，后细心、均匀播于畦面。播完种后，畦面覆盖 1 层 0.5~0.7 cm 厚干细土，随即用遮阳网搭棚遮阳。早春育苗应在棚室内进行。

二、苗期管理

苗床土壤保持湿润是保证出苗和整齐出苗的关键。出苗前，晴天时苗床每隔 1~2 d 浇薄水 1 次，始终保持床面土不变白。降雨时，只要畦面不积水即可，若畦面有积水或畦沟积水过多，应及时开沟排水。播种后 4~5 d 出土的是杂草苗，不是芹菜苗，要及时人工拔除。芹菜种子在播种后 10~15 d 才会发芽出土。第一次间苗后，幼苗长势较差的，每亩撒施尿素 6~7 kg；第二次间苗后，每亩撒施尿素 10~12 kg。

三、整地

定植前 2~3 d 整好地。为满足芹菜高产和优质的需要，要重视农家肥等有机肥的施用，翻耕整地前，每亩撒施腐熟猪牛粪 5 000~6 000 kg 或腐熟鸡粪 1 500 kg、钙镁磷肥 60~70 kg、硫酸钾 15 kg、尿素 6~7 kg、硼砂 0.5~0.8 kg，翻耙 2 次，整成宽 1.5~2 m、长自定的畦，开好沟沟相通的畦沟、腰沟和围沟，等待定植。

四、定植

植株较高大、长势旺的芹菜品种，定植应稍稀些；反之稍栽密些。西芹可栽稀些，本土芹稍栽密些；秋、冬、春芹菜生长期长，气温相对较低，可稍栽稀些，夏芹菜可稍栽密些。芹菜定植行距 17~20 cm、株距 8~17 cm。

五、追肥

芹菜植株生长量大、产量高，收获的是叶柄和叶片，需氮最多，其次是钙和钾。芹菜缺硼，叶柄易发生纵裂，严重影响产量和品质。芹菜缓苗期有 10~15 d，中期可结合浇水每亩施尿素 4~5 kg，有促进幼苗成活和加快生长等作用。芹菜苗定植成活后至旺盛生长前（蹲苗期），每亩开浅沟施或撒施尿素 6~8 kg、硫酸钾 3~4 kg。芹菜旺盛生长前期，于灌水前或雨前每亩撒施尿素 12~15 kg、硫酸钾 5~6 kg。芹菜旺盛生长中期，每亩撒施尿素 10 kg、硫酸钾 4~5 kg。

六、病虫害绿色防控

防治芹菜病虫害可采取以下措施。

（1）农业防治。选择抗病能力强的芹菜品种，并进行轮作换茬，以减少病害发生的风险。

（2）化学防治。使用专业的杀菌剂或农药进行防治，严格按照药物使用说明操作。

（3）生物防治和物理防治。例如使用天敌昆虫或低毒农药控制害虫数量。

七、适时收获

芹菜收获过早，产量低，效益差；收获过晚，粗纤维等含量高，口感差，品质下降。定植后的芹菜株高 45~60 cm 时即可采收。整丛拔收的，收获前 3~4 d 浇大水 1 次，以便于拔收。拔收时，用力要轻缓，拔起的植株用清水洗净根部泥土，清除杂草和病虫株等带根或去根后上市。

第十四节　白萝卜

一、选择土壤及施肥

首选土壤肥沃、排水性能好、土层深厚的沙壤土。播种前，需要施加配比合理的基肥。一般而言，可施加专供比例的三元复合肥 75 kg/亩、5 000 kg 腐熟的有机肥做为基肥，然后用于深耕细耙。

二、适时播种

播种时间需要根据种植区的气候条件和萝卜品种加以选择，如白萝卜最适宜种植气候为 7 月底至 8 月初。一般地区的最佳播种期为 9 月中旬，最迟不得晚于秋分，防止出现萝卜体型小、产量低下等现象。

三、苗期管理

播种后 3 d 会出苗，幼苗在出土后的生长速率很快，栽培人员要及时间苗，避免出现植株叶片拥挤遮阴的情况。一般间苗次数为 3 次。间苗过程中要留优去劣，尽快拔出细弱苗、病虫害苗等。在幼苗长到具有 3~4 片真叶时进行定苗。幼苗直至破肚期如果出现连续阴雨天气，则要及时进行中耕，确保土壤不积水、透气性良好，同时定期拔除田间杂草。遇到高温干旱天气则及时浇水，保持土壤见干见湿。

四、田间管理

白萝卜种植要遵循"基肥为主、追肥为辅"的原则。

控制基肥量为总施加肥量的 2/3。追肥时间为萝卜盛长前，分次施加。前面 2 次的追肥一般被称为定根肥，间苗后施加。破肚标志着萝卜幼苗期结束，肉质和根的膨胀期开始，此阶段需要施加重肥，促进叶片生长。破肚后的 10 d 左右，追加复合肥，早晚施加，直到萝卜的生长旺期，然后再施加草木灰，浇水后施加在田间，增加萝卜的组织充实度。

水分管理。白萝卜的整个发育和生长期都要提供充足的水分，水分不足容易造成低产、皮厚、肉硬等问题，且口感较差容易产生苦味。因此，在播种前，要浇灌足够的水分，致使土壤含水量控制在80%即可，促使出苗快且齐。

五、病虫害绿色防控

白萝卜的主要病害有病毒病、软腐病和菌核病等，白萝卜的害虫主要有蚜虫、菜青虫、小菜蛾等。

（一）农业防治

因地制宜选用抗（耐）病优良品种；合理布局，实行轮作倒茬，加强中耕除草，清洁田园，降低病虫源数量；培育无病虫害壮苗，播前种子应进行消毒处理；加强栽培管理，合理进行施肥和浇水，保持田间适宜的温度和湿度环境。

（二）生物防治

保护天敌，创造有利于天敌生存的环境条件，选择对天敌杀伤力低的农药。释放天敌，如捕食螨、寄生蜂等；使用生物杀虫剂杀死害虫。

（三）药剂防治

病毒病可在发病初期用20%的病毒A 1 000倍液防治，霜酶病可用50%甲霜灵500倍液防治；软腐病可在发病初期用72%农用链霉素3 000倍液防治；菌核病可用50%多菌灵500倍液防治。每隔7d喷药1次，连喷2~3次。蚜虫、菜青虫、小菜蛾可用10%吡虫啉1 500倍液或48%乐斯本1 000倍液喷雾防治，每隔7d喷药1次，连喷2~3次。在收获前20 d，每周喷施1次0.2%的磷酸二氢钾进行叶面追肥，连喷2次，对提高产量和肉质根品质具有良好效果。

六、适时收获

当白萝卜个体长到 1.5~2 kg，地上部老叶发黄时，即为白萝卜适时收获期。如生长期过长或遇冻害，则品质变差甚至糠心。

第十五节 胡萝卜

一、整地施肥

选择土壤疏松、土层深厚、排灌方便、不重茬的沙质土壤，深翻、晒茬、耙碎，深沟高畦，畦面平整，为高产优质提供优良土壤条件。

由于沙质壤土养分含量少、保水保肥能力差，基肥要注意增施有机肥，以改善土壤环境。结合整地，每亩施腐熟厩肥 3 000 kg，并添加硫酸钾型三元复合肥（N：P：K = 15：15：15）60 kg，或磷酸二铵 15 kg、硫酸钾 7 kg，同时加入硼砂 1 kg、过磷酸钙 40 kg，以满足胡萝卜生长发育的需要。

二、合理密植

控制合适种植密度，以保证苗齐、苗匀，控制肉质根的生长大小。播种前要精细整地，做成畦高 40 cm、畦面宽 60 cm、沟底宽 20 cm 的种植畦，配套绳播、膜下暗灌等技术，同时要保持土壤较湿润，以利于种子及时出苗。

三、合理灌溉

发芽期每天早晚各浇水 1 次，保证苗齐；幼苗期每天浇水 1 次，保持土壤湿润，促进根系发育；直根膨大期要控制水量，以"地发白再浇"的原则进行；收获前 7 d 停止浇水，以提高商品贮藏性。

四、病虫害绿色防控

采取"预防为主、综合防治"策略，以生物、物理和化学相结合的绿色防控技术，同时要配套合理轮作、深耕晒垡、肥水管理技术。

胡萝卜主要病害有霜霉病、黑斑病等。霜霉病在生长任何时期均可发生，从植株下部向上扩展，严重时致叶片干枯，可用72%霜脲·锰锌可湿性粉剂600~800倍液喷雾防治。黑斑病主要为害叶片，病部发脆易破碎，严重时致叶片局部枯死，可用72%农用硫酸链霉素3 000~4 000倍液防治，收获后及时翻晒土地。

胡萝卜主要虫害有蚜虫、黄条跳甲、小菜蛾、菜青虫、蛴螬等。蚜虫可用2.5%鱼藤酮乳油400~500倍液或者利用蚜虫天敌，如七星瓢虫防治，或者采用40目尼龙防虫网，同时采用黄板诱杀。防治黄条跳甲，每亩可用48%乐斯本60 mL或20%好年冬60 mL喷施防治。小菜蛾和菜青虫可用0.5%黎卢碱可溶性粉剂600~800倍液喷雾防治。

五、适时收获

可结合胡萝卜品种特性、气候条件及市场需求适时收获。收获过早，导致产量降低；采收过晚，导致颜色变淡、糠心，影响品质。收获时要轻拿轻放，及时剔除畸形果、病害果，保证胡萝卜商品性。

第十六节 丝 瓜

一、整地、施肥、作畦

丝瓜根系发达，根系分布范围较广，且生育期较长，因此底肥要施足。一般上年底结合深翻，施充分腐熟鸡粪30 000~45 000 kg/hm²、过磷酸钙1 200~1 500 kg/hm²、磷酸钾450~600 kg/hm²，同时喷施多菌灵粉剂22.5 kg/hm²，高效杀虫剂7.5 kg/hm²。按60 cm垄、40 cm沟开沟起垄，灌透冬水。1月下旬扣棚，播种或定植苗前10 d覆膜，以提高地温。

二、田间管理

定植后 4~5 d，为促进缓苗，提高地温，小拱棚基本不通风，缓苗后可根据瓜苗长势适当调整通风量和通风时间。按照种植习惯，4 月中下旬套种蔬菜已进入生长后期，多数大棚种植户开始撤除塑料大棚，但此时外界温度还达不到丝瓜正常生长需要。若过早撤除大棚塑料，套种丝瓜会出现生长缓慢和停止生长现象，对丝瓜早期产量影响较大。建议 5 月 10 日后撤除较宜。

三、病虫害绿色防控

丝瓜主要病害有病毒病、霜霉病和白粉病；虫害有蚜虫、斜纹夜蛾等。病毒病的防治主要是防治蚜虫，并注意保持土壤湿润。霜霉病可用甲霜灵或乙膦铝粉剂喷雾 2~3 次，间隔 5~7 d。白粉病可用三唑酮喷雾 2~3 次，间隔 5~7 d。蚜虫可用扑蚜灵喷雾防治。斜纹夜蛾防治在幼虫 3 龄前喷药防治，如 50%辛硫磷乳油 1 500 倍液、15%菜虫净乳油 1 500 倍液、2.5%敌杀死乳油 3 000 倍液等。4 龄后幼虫具有夜间为害特性，施药应在傍晚进行。

四、适时收获

丝瓜以嫩瓜上市，采收宜早不宜晚，否则丝瓜肉质纤维增多，内部空虚，品质变劣，还会影响以后的生长发育，采收宜在早晨，用剪刀齐果柄剪断，注意轻拿轻放，防止挤压。

第十七节 荷兰豆

一、整地施肥

荷兰豆忌连作。种植地块宜选择近几年内没种过豆科作物且酸碱度适中、土层深厚、肥力较高、通透性良好的壤土或沙壤土，要旱能浇涝能排。播种前在深耕的同时，每亩施入氮磷钾含量各 15% 的三元复合肥 50 kg、尿素 10 kg、腐熟厩肥 3 000~4 000 kg，另加硫酸锌 1.5 kg、硫酸锰 1 kg、硼砂 1 kg，耙平耙细，作宽 1.3m 的畦。为提高产品品质，禁用硝态氮肥和含硝态氮的复合肥。

二、播种

选种抗逆性强、品质好、产量高的台湾小白花、台中 11 号、改良台中 604 等品种。荷兰豆不耐干旱高温，鲁东南地区播种期为 3 月，为实现苗齐、苗全、苗壮，选无病虫、饱满粒大、均匀的新鲜种子，于播种前将种子放在阳光下晒 1~2 d 后足墒播种，播种行距 60 cm、穴距 17~20 cm、穴深 3~4 cm，每穴播种 2~3 粒，播种后覆土 2 cm。

三、搭架

荷兰豆的茎蔓细柔，易倒伏，高度可达到 1.7~1.8 m。当荷兰豆茎蔓长到 20~25 cm 时，豆苗吐须，开始搭高 1.8m 左右的"人"字形架，并引蔓上架。为固定细柔的茎蔓，还可用绳将茎蔓绑在架竿或绳上帮助攀缘，每长高 25~30 cm 固定 1 次。

四、田间管理

荷兰豆根系生长和根瘤菌发育均需土壤有良好的通透性，为提高地温、促进发根，齐苗后浅划锄松土 1 次，7~10 d 后再松土 1~2 次，结合松土进行除草并培土。荷兰豆根系发达，有较强的耐旱能力，但不耐涝。苗期一般不浇水。抽蔓后，荷兰豆需水量开始增多，在开花结荚期需水最多。开花结荚期过于干旱或受涝，会造成落花落荚，因此在荷兰豆坐稳荚后，结合浇水，每亩追施氮磷钾三元复合肥 10~15 kg，以后保持地表湿润，地表不积水。为防后期出现早衰，开始采收后，叶面喷施 0.2% 的钼、硼等微量元素。

五、病虫害绿色防控

在防治措施上优先采用农业防治、生物防治、物理防治，配合药剂防治，尽量不用或少用化学药剂。避开采收期用药。

1. 白粉病

白粉病为害茎、叶、荚，防治时要交替使用药剂。发病初期，及时用 3% 多氧清 800~1 000 倍溶液喷雾防治，也可用 2% 武夷菌素 150 倍液或 2% 农抗 120 喷雾防治。

2. 潜叶蝇

潜叶蝇用 1.8% 阿巴丁 3 000~4 000 倍液或 1.1% 绿浪 1 000 倍液喷雾防治。

3. 蚜虫

蚜虫用 1.1% 烟碱乳油植物杀虫剂 800 倍液或 10% 吡虫啉 2 000~3 000 倍液喷杀，也可用 50% 辟蚜雾 4 000 倍液喷雾防治。

六、适时收获

谢花后当果荚充分肥大、柔嫩而荚内豆粒尚未膨大时，及时采收嫩荚。若采收及时，结荚快而多，能显著增加产量和经济效益。

第十八节 四季豆

一、整地播种

选择土壤肥沃、耕层深厚、排灌方便的地块，每亩均匀撒施过磷酸钙 50 kg、三元复合肥 30 kg、有机肥 3 000~3 500 kg，耕翻耙平，筑畦高 20~25 cm、畦间距 50 cm、畦面宽 80 cm，平整畦面。采用直播方式，每畦栽双行，行距 60 cm，株距 30 cm。播种时先挖穴，穴内浇适量水，每穴播 3~4 粒饱满种子，每亩用种量 2~2.5 kg，每亩挖 3 300~3 500 穴。播后覆盖细土厚 3 cm，畦面覆盖遮阳网、稻草、麦秸等，避免秧苗受暴雨冲刷，并能防止高温，造成水分蒸发。出苗后，揭除覆盖物，促进豆苗生长。

二、肥水管理

四季豆喜干怕湿，出苗后若土壤干旱，5~6 d 浇 1 次水，若土壤太干，灌半沟水后随即排水，不灌过夜水，土壤不干则不浇，雨天注意排水，做到雨停田干。开花结荚期保持土壤湿润，但应防止水分过多导致植株生长过旺。苗期不宜偏施氮肥，复叶出现时第一次追肥，以后追肥 2~3 次。蔓生种应在抽蔓、搭架前每次每亩追施 20%~30%稀薄腐粪肥 1 500 kg、硫酸钾及过磷酸钙各 2.5 kg。结荚期逐渐增加追肥量，蔓生种较矮生种需肥量大、施肥次数多。开花结荚初期，适量施用氮肥；开花结荚盛期重施追肥，每亩浇施 50%人畜粪尿 2 500~5 000 kg、过磷酸钙 15 kg。

三、中耕、除草、搭架

豆蔓开始生长时，结合除草浅中耕 1~2 次，以后不再中耕，人工拔除杂草。土壤板结及时松土，后期可结合松土将沟中土培在畦上，一般培土 1~2 次。四季豆长有 3~4 片叶时，每穴插 1 根竹竿，搭"人"字形架，10 时左右引蔓上架。

四、病害绿色防控

（一）农业防治

采用抗病品种，选择 2 年以上未种过豆科作物的田块筑高畦种植，合理追肥，及时清洁田园。

（二）化学防治

（1）炭疽病。可选用炭疽福美 800 倍液、炭疽 2 号 1 000 倍液、施保功 1 000 倍液、达科宁 1 000 倍液、世高 2 000 倍液等喷雾防治。

（2）根腐病。可选用敌克松 800 倍液、根腐宁 1 000 倍液、绿亨 1 号 3 000 倍液等灌根防治。

五、适时收获

四季豆不同品种生长期不同，根据品种特性及市场行情及时收获。

第十九节 豇 豆

一、整地、施肥、作畦

结合整地施足有机肥和磷钾肥作基肥，既可避免炎热，雨季追肥困难易发生脱肥的问题，又可促进茎叶生长、增加花序数目、延长盛果期。一般每亩施腐熟有机肥 2 000～2 500 kg、过磷酸钙和硫酸钾各 15 kg 或三元复合肥 15～20 kg。若前茬作物施肥较多，可酌情减少基肥施用量。肥料可均匀撒施在大田，通过旋耕机或起垄机将肥料混合后起垄。

二、适时播种、育苗定植

播种前剔除瘪粒、未成熟的浅色种子，以及霉烂、破伤或已发芽种子。豇豆直播茎叶多而结荚少，育苗移栽豆荚多，且可提早或延长采收期。早春正季栽培可采用穴盘、营养体育苗，每穴（体）放种子 3～4 粒，覆盖 2～3 cm 营养土。根据季节选用温室、大棚为育苗设施。一般幼苗于第一对真叶展开时移栽，定植时选晴天进行。

三、田间管理

豇豆生长前期（结荚前）易出现营养生长过盛，生长后期（结荚后）营养生长和生殖生长矛盾更加激烈，易出现"伏歇"或早衰现象。因此，生产管理上，主要掌握"先控后促"的原则，通过肥水供应、整枝摘心、及时采收等措施进行综合调节。

四、病虫害绿色防控

病害主要有煤霉病和锈病，应在发病初期及时摘除病叶，减轻病害蔓延，同时尽早喷药，可用 50% 多菌灵 500 倍液，或

75%百菌清 600 倍液，7~10 d 喷 1 次，连喷 2~3 次。虫害主要是豇豆荚螟、蚜虫。豇豆荚螟可在进入开花期后，在 7—9 时花瓣张开时，及时对准花朵喷施 50%杀螟松 1 000 倍液，或 80%敌敌畏乳剂 800 倍液，隔 5 d 左右喷 1 次，同时拣净田间的落花，也可在 17 时以后对准植株喷药；蚜虫可喷施 80%敌敌畏乳剂 1 000~1 500 倍液，7 d 左右喷 1 次，连喷 2~3 次。

五、适时收获

豇豆从开花至生理成熟需 15~23 d，商品豆荚一般以花后 9~11 d 收获为宜。种植户也可根据市场需求和价格，选择合适的时机采收。以早晚收获为宜，收获时注意不要损伤其他花芽。

第二十节　马铃薯

一、选地

马铃薯并不适合连续种植，连种会降低土壤肥力，不利于马铃薯健康生长。因此，在选地时要保证 3 年内没有种植过马铃薯，避免出现病虫害影响产量。马铃薯喜土质疏松、肥沃土地，因此在种植时尽可能选择排水能力好、地势平坦且便于灌溉的土地。

二、播种

种植时应注意垄距，以 50 cm 左右为宜，种植深度约为 10 cm；若种植的品种为早熟可以将株距控制在 20 cm 左右，中熟品种则控制在 25 cm 左右。播种后需在种子表面覆盖厚度为 8~10 cm 的土壤，若种植期间无法覆盖足够土壤，可在出苗后进行覆土。为了后期补苗，种植还可以在田边播种适量种子。

三、施肥

施肥时应以有机肥为主，以马铃薯对肥料的需求为基础选择合适的肥料。深耕时需要给土壤中补充农家肥，但是要注意，在种植时可以于基肥中加入三元复合肥，为农作物提供充足的养分。通常来说，追肥工作需要与浇水同时完成，但也要注意避免浇灌化肥直接接触种薯，避免其被肥料烧伤。若存在马铃薯脱肥的问题，则不需要通过水浇的方式追肥，可以通过喷洒叶面肥解决。

四、病虫害绿色防控

贯彻"预防为主，综合防治"的植保方针，大力推进绿色防控，优先采用抗病品种，选用优质脱毒种薯，推广种薯处理等技术，根据病虫害发生监测结果，综合防治、科学用药，推进专业化统防统治和联防联控，提高防控效果。

一是选用抗病种薯和优质脱毒种薯适期播种，针对气传、土传、种传病害和贮藏期病害以及地上、地下害虫，推广切刀消毒和种薯处理技术，有条件地区推广小整薯技术。二是合理轮作间作，加强肥水管理。三是诱杀技术，利用灯诱、色诱、性诱和食诱等技术防治马铃薯地下害虫和蚜虫、蓟马等。四是及时监测预警病虫害发生期，优先采用苦参碱、除虫菊、枯草芽孢杆菌、寡雄腐霉、丁子香酚等生物农药和植物源农药进行防控。五是科学合理使用高效低毒化学药剂。对马铃薯晚疫病，推荐适时喷施代森锰锌进行保护，喷施烯酰吗啉、霜霉威制剂进行防治。

五、适时收获

马铃薯的茎叶大部分枯黄时便可收获，这时马铃薯的茎块极易与匍匐茎分离，且这个时期周皮变硬，干物质含量最高，因此此时是收获马铃薯的最佳时期，但要注意选择晴朗天气采收。

第二十一节　莴　笋

一、整地与播种

莴笋可畦播也可沟播，亩用种量 40~50 g，把种子混到细沙中撒播，这样可以控制播量均匀。尖叶莴笋春、秋季栽培均可，以白尖叶莴笋为好；圆叶莴笋适宜春季栽培，秋播易抽薹。

二、田间管理

莴笋定植的株距一般 25~30 cm，行距 30~35 cm，亩保苗7 000 株以上，亩产可达 2 500 kg 以上。莴笋性喜潮湿忌干旱，若田间管理不当，易形成细长植株，影响产量和品质。莴笋种植有两个时期易"窜"，一是形成莲座以前，茎徒长，茎部不可能膨大；二是莲座叶形成后，由于环境不良，茎部徒长。

三、病虫害绿色防控

霜霉病：雨水多时最易发生。适当控制植株密度，增加中耕次数，降低田间空气湿度；防止田间积水，降低土壤湿度；和十字花科、茄科等蔬菜轮作，2~3 年 1 次；及时摘除病叶，带出田外集中销毁；发病初期，可用 64%杀毒矾锰锌可湿性粉剂 500 倍液，或 70%甲基硫菌灵可湿性粉剂 700 倍液等喷雾，7~10 d 喷 1 次，共喷 2~3 次。

菌核病：温暖潮湿，栽植过度，生长过旺，施用未腐熟的有机肥料等易加重病害的发生。深耕培土，开沟排水，增施磷钾肥，改善田间通风透光条件，增强植株抗病力；盐水选种（10 份水加 1 份盐），除去混在种子中的菌核；及时拔除初发病株、清除枯老叶片并集中烧毁，收获时连根拔除病株，以免菌核遗留田中；发病初期，可用 50%甲基硫菌灵悬浮剂 500~800倍液，或 40%菌核净可湿性粉剂 1 000~1 500 倍液等喷雾防治，7~10 d 喷 1 次，共喷 2~3 次。

蚜虫：一般天气干旱时易发生。黄板诱蚜、灭蚜。利用黄色诱蚜板涂上机油，利用蚜虫对黄色的趋性诱杀蚜虫。田间调查，有蚜株率达 2%左右时，应立即用药剂防治，可用 10%吡虫啉可湿性粉剂 2 000~3 000 倍液，或 0.36%苦参碱 500 倍液等喷雾防治，7~10 d 喷 1 次，共喷 2~3 次。

四、适时收获

当莴笋主茎顶端与最高叶片的叶尖相平时（即"平口"）为收获适期，若收获太晚则花茎伸长，纤维增多，肉质变硬甚至中空，品质降低。收获期还要防止干旱，以防糠心。

第二十二节 西蓝花

一、田块的选择

选择排灌条件好而且前茬不是十字花科（大白菜、包菜、花菜、萝卜）的田块作为育苗地和移栽地。

二、育苗

应在通风、排水良好、遮阴、防雨的设施大棚内育苗。

播种后苗床上及时覆盖地膜保墒，膜上加盖遮阳网降温，大棚上覆盖顶膜，顶膜上加盖遮阳网，棚内温度控制在 25 ℃左右。播后 2 d 检查出苗情况，当有 70% 左右出苗后在傍晚将苗床上的地膜及遮阳网撤去。

三、苗床管理

破心前不浇水，防止下胚轴过高形成高脚苗。苗期不超过 25~30 d。苗期病害主要有猝倒病和立枯病。防治方法是幼苗拱土后，用 75% 百菌清 500 倍液或 50% 多菌灵 500 倍液等药剂交替使用 2~3 次。

四、定植

定植前每亩施腐熟有机肥 100~200 担[*]、高浓度复合肥 50 kg、硼肥 0.8 kg 左右（不施硼肥球茎易空心，也可在 10~12 片叶，旺盛生长期叶面喷施）。然后耕翻作畦，采用高垄双行，垄面宽 1 m，株距 40 cm 左右，亩栽 2 700~3 000 株。定植后，

---

* 1 担 = 50 kg。

立即浇好定根水。

五、田间管理

施肥原则上"轻施提苗肥，施足发棵肥，巧施膨大肥"。在施足基肥的前提下，分 3 次追施，即定植后 7~10 d 追 1 次提苗肥，每亩施尿素 5 kg 加稀薄腐熟人粪尿 1 130 kg。

西蓝花对水分要求比较严格，既不耐涝，又不耐旱，要依田间土壤墒情进行灌排水。

六、病虫害绿色防控

可通过适当减少肥水、及时摘除病叶和老叶来减少病虫害。发现病虫害，应及时喷药防治，但最好掌握在种株开花期前连续用药彻底防治。一般不主张在开花期喷药，以免伤害蜜蜂及降低结荚率，若花期病虫害为害严重，则需在夜间喷药。结荚期注意防治蚜虫、小菜蛾、黑腐病、软腐病、菌核病等病虫的为害。

七、适时收获

为延长花球的保鲜时间，在采收前 1~2 d 应淋足水。采收时将花球连同长 10 cm 左右的肥嫩花茎一起割下，可使花球继续从肥嫩花茎中吸收一些水分，补充因蒸腾作用而损失的水分，这样可提高产品质量和产量。

第二十三节　山　药

一、选地和整地

在开沟之前，种植人员需要先选地，要求种植地块土层深厚、土质松软且排水性良好，2 年内未曾种植山药，且为微酸性或中性土壤。种植人员可以在春季土壤解冻以后，将下层土壤埋入沟渠。此时，可以 35 cm 为间距开挖南北走向的沟渠，然后做好浇水和踏实土壤的工作。在后续工作中，种植户还应该合理选择山药的栽植密度和施肥用量种类，并且通过搭建高低架的方式保证排水的有效性。

二、选种种植

在山药种植环节，选种和育种的质量将会对其产量产生深远影响。为此，种植人员应在种植前 30 d 完成选种和育种工作，以获得高质量的种秧。一般来说，山药种秧要求长 15 ~ 20 cm，重约 20 g，最好放置在室外通风处，经 5 ~ 6 d 晾晒后再使用。

三、田间管理

在栽植前应先施底肥，山药种植地施底肥应在春末夏初进行，种植人员可使用腐熟的农家肥作底肥，每亩用量为 1 000 ~ 15 000 kg，若选择商品有机肥，则每亩用量仅为 300 ~ 500 kg。也可使用复合肥开展施肥工作，但复合肥的种类以及用量必须根据山药品种以及土壤原有肥力来合理调整。

在山药栽培环节，田间管理发挥着至关重要的作用。通常来说，种秧栽种 30 d 后就会出苗，此时需要为山药苗搭建引蔓架。架子通常高 2 m，以直径为 1.5 cm 的小竹竿为材料。而且，在此期间还应该注重浇水问题。

四、病虫害绿色防控

山药主要病害为根腐病、炭疽病等。根腐病发病初期可用 50% 福美双粉剂 500 ~ 600 倍液、53.8% 可杀得 2 000 倍液喷雾防治。炭疽病发病可用 70% 代森锰锌 500 倍液，7 d 喷 1 次。

山药主要虫害为红蜘蛛、线虫和蛴螬。其中，蛴螬可以采用整地后施撒茶籽饼的方式来预防；若在山药生长过程中出现了此类型虫害，则可使用敌百虫等杀虫药剂去除。而红蜘蛛的防治也以喷洒药液为主，在实践环节应根据发病的严重程度而调整药剂种类和用量，如发病初期可选用 25% 中科美铃杀虫，以 1 500 ~ 2 000 倍液喷洒防治；在其后 5 d，还应该通过喷洒 35% 杀螨特 1 200 倍液的方式，进一步消灭螨虫的卵和成虫。

五、适时收获

山药经初霜后，地上茎叶逐渐枯黄时可收获，过早收获产量低。收获时要注意防止损伤根茎。收获后除净泥土，折下芦头贮藏作种，其余部分加工成商品。加工方法有制成毛山药、光山药、干山药等。

第二十四节　洋　葱

一、及时育苗

洋葱幼苗生产缓慢，占地时间较长，而鳞茎形成需要一定的温度和日照条件，还须避开夏季高温季节。因此，需要采用育苗移栽的方法。

二、定植

适宜定植期为 4 月，栽苗深度 1.5~2 cm，深浅保持一致。行距 12~15 cm，株距 10~12 cm。边栽苗边浇水，以提高成活率。

三、灌水

栽苗初期，气温较低，植株生长缓慢，为提高地温，应适时浇水，且不宜过勤过大，及时中耕保墒，使土壤保持疏松湿润，利于根系生长。幼苗进入发叶盛期，适当增加浇水次数。鳞茎膨大前 10 d，再次灌水后蹲苗，促进营养物质向叶鞘基部运送。鳞茎膨大盛期是追肥灌水的关键时期，勤灌水，早晚进行。收获前 10 d 左右停止灌水，以利于收后贮藏。

四、追肥

结合浇水，要分期适量追肥。缓苗后亩追施尿素 10~15 kg 和适量钾肥。鳞茎生产盛期要增施肥水，生长后期要减少肥水，生长后期不施肥水。

五、病虫害绿色防控

（1）农业防治。在栽培洋葱时，选择植株健壮、抗病性较强的品种，苗床期注意控水，进行炼苗，以增强幼苗的抵抗力。及时剔除病、弱苗，多施用磷、钾肥，加强除草等，增强植株抗逆性。

（2）物理防治。播种前，用温水浸泡种子，以防止种子携带病毒和虫源，采取设施育苗、田间挂粘虫板等措施，减少使用杀虫剂。

（3）生物防治。包括天敌昆虫、农用抗生素等措施，以减少化学药剂对环境的污染，降低洋葱农药残留。

（4）化学防治。针对不同的病虫害，选择低毒低残留的药剂对症下药。

六、适时收获

洋葱鳞茎充分长大后，叶片逐渐枯黄，假茎由硬变软并倒伏，这是葱头发育成熟停止养分积累的标志，待 2/3 的植株倒伏时即可收获。收获应在晴天进行，拔出后整株原地晾晒 2~3 d，用叶片盖住葱头，待葱头表皮干燥、茎叶充分干枯后堆放，防止雨淋。收获时尽量不要碰伤葱头，这样可减少贮藏期因伤口感染而腐烂。

第二十五节　大　葱

一、地块选择

一是种植大葱忌重茬，最好选茬为非葱蒜类蔬菜。二是大葱怕涝不怕旱，要选排水良好的地块种植大葱。三是大葱要求中性土壤，栽培 pH 值范围是 5.9~7.4。

二、整地施肥

地要深耕细耙，在中等肥力条件下，结合整地，每亩撒施优质有机肥 4 000 kg、尿素 6.2 kg、过磷酸钙 45 kg、硫酸钾 10 kg。

定植前按行距开沟，沟深 30 cm，沟内再集中施用磷、钾肥，刨松沟底，肥土混合均匀。

三、定植方法

一般用干插法，即在开好的葱沟内，将葱苗插入沟底，深度以露心为宜，两边压实后再浇水。也可采用湿插法，即先浇水，后插葱。

四、适期追肥

8 月中旬大葱进入旺盛生长期，需肥量较大，进行第一次追肥，半月后进行第二次追肥，一般每次亩施尿素 8 kg，同时施入一定量的磷、钾肥。9 月 10 日前后进入葱白快长期，亩施尿素 10 kg、硫酸钾 20 kg，半月后追施 1 次，亩施尿素 6 kg。大葱比较喜肥，与其他蔬菜一样，对氮肥反应敏感，施用氮肥有明显的增产效果。追肥一般在秋凉后，结合浇水培土进行，使有机肥料与速效化肥配合使用。

五、病虫害绿色防控

病虫害防治应以预防为主。采取农业防治，即深翻暴晒土壤、与农作物轮作等，可选用小麦、大麦为前茬。采用物理防治，即采用杀虫灯或诱虫板等。采用化学药剂防治时，应选用低毒、低残留的无公害农药，且要严格遵守用药安全间隔期。

六、适时收获

大葱的收获期一般当外叶生长基本停止、叶片变黄绿时采收。收获后的大葱应抖尽泥土，摊放在地里，每两沟葱并成一排，放于阳光好的地方晾晒。切不可堆放，以防发热腐烂。待叶片柔软、根和葱白半干时，除去枯叶，分级捆绑。

第二十六节　大　蒜

一、合理施肥

大蒜比较喜欢肥料，需要做好底肥的施用。一般情况下，使用一定量的农家肥，如粪尿肥和厩肥，或者使用一定量的腐殖酸类有机肥或饼肥，之后再配合使用一定量的锌肥和硼肥，能够取得较好的效果。

二、精耕土地

大蒜的根系比较浅，在精耕土地的过程中应考虑大蒜的发育情况，可以选择旋耕 2~3 遍，耕地后的土壤比较疏松，如果太过疏松则不利于浇水、覆膜和保水保墒，为此，应耙地 2~3 遍，目的是起到上松下实的效果，为大蒜的生长提供良好的环境。此外，深翻土地后需要做出适当面积的畦，一般情况下，畦长 40~50 m、宽 4~6 m。在播种前应保证畦块的整齐、土壤疏松，促进大蒜的健康生长。

三、播种

有些地区的播种时间选择在每年 10 月，能够保证蒜苗在越冬前长出 5~6 片叶子。该时期蒜苗的抗寒能力较强，在严冬季节不会被冻伤，同时能为春化打下良好的基础。如果播种时间较早，会直接影响幼苗的生长，导致幼苗在越冬前生长过旺，从而消耗大量养分，不利于越冬；如果播种较晚则会导致蒜苗小，同时根系比较弱，不能很好地积累养分，抵抗外界环境的能力较差，容易冻伤幼苗。

四、病虫害绿色防控

（一）病害防治

在大蒜播种前 1 d 进行拌种能够减少病害的发生，可以使用一定浓度的多宁可湿性粉剂加爱增美，兑水后进行拌种，在堆闷 6 h 后播种；或使用一定浓度的适乐时加爱增美，兑水后进行拌种，晾干后可直接播种，该处理方式能够有效防止大蒜白腐病和红根腐病。

（二）虫害防治

对地下害虫的防治方法是加强对土壤的处理。根蛆是大蒜的主要害虫之一，应结合根蛆发生的规律采取针对性的措施，如在大蒜烂母期发现蒜苗发黄症状，则可能受到根蛆的威胁，此时可以使用毒死蜱进行防治；如蒜薹收获之后也出现根蛆病，可以使用辛硫酸乳油或者毒死蜱进行防治。

五、适时收获

（1）蒜薹采收。一般情况下，在蒜薹抽出叶鞘同时开始甩弯时，是蒜薹收获的最佳时间。需要注意的是，应在晴天中午和午后进行蒜薹的收获，该时期的叶鞘和蒜薹比较容易分离，不会对植株造成较大伤害。

（2）蒜头采收。在蒜薹采收后 15~20 d 可以进行蒜头的采收，采收之后的大蒜需要进行处理，注意只晒秧、不晒头，避免蒜头受到损伤。

第二十七节　生　姜

一、选择种姜，培育壮芽

种姜应在头年从生长健壮、无病、具有本品种特征的高产地块选留。收获后选择肥壮、芽头饱满、个头大小均匀、颜色鲜亮、无病虫和无伤疤的姜块贮藏。培育壮芽是获得丰产的首要生产环节。从形态上看，壮芽芽身粗壮，顶部钝圆；弱芽则芽身细长，芽顶细尖。

二、整地作畦、施肥

种植生姜的地块不能连作，应选择含有机质较多、灌溉排水方便的沙壤土、壤土或黏壤土田块栽培，其中沙壤土最好。对土壤酸碱度的要求为微酸至中性，碱性土壤不宜栽培。土壤要求深耕 20~30 cm，并反复耕翻，充分晒垡，然后耙细作畦。畦宽 1.5 m，畦沟宽 20~25 cm，深 12~15 cm，以便排水畅通。在畦上按行距 50 cm 开种植沟，沟深 10~13 cm。在种植沟内亩施充分腐熟的厩肥或粪肥 2 000~2 500 kg 和草木灰 75 kg，并与沟土充分翻拌，或亩施人畜粪水 70~80 担做为底肥，增加 20 kg 的复合肥以备种植用。

三、播种

应选晴暖天气，播前把已催好芽的大姜块切成 70~80 g 的小种块，每个种块选留 1~2 个肥胖的幼芽，其余芽除掉。如天气干旱，需提前 1 d 在种植沟中浇水，待水渗后才可播种。按株距 15~18 cm 逐一排放于种植沟内，姜芽朝南，并将芽头稍向下按，使姜块略向南倾斜，以便将来采收娘姜，随即盖细土 4~5 cm。每亩可栽 6 000~9 000 株，用种量 300 kg。

四、追肥

姜极耐肥，除施足基肥外，应多次追肥，一般应前轻后重。第一次在幼苗出齐、苗高 30 cm 左右追壮苗肥，每亩用腐熟的粪肥 500 kg，加水 5~6 倍浇施，或用尿素 10 kg 配成 0.5%~1% 稀肥液浇施，或施硫酸铵 15~20 kg，有条件的可随水冲入腐熟人粪 1 000 kg。第二次施肥量比第一次增加 30%~50%，仍以氮肥为主，每亩施腐熟厩肥 1 000 kg。施时雨水此时较多，可在距植株 10~12 cm 处开穴将肥点施盖土。第三次追肥在初秋天气转凉拆去姜田的阴棚或遮阴物后进行，促进分枝和膨大，可结合除草适当重施转折肥，用肥效持久的完全肥料和速效化肥结合施用，氮、磷、钾配合施，亩施尿素 20~25 kg、硫酸钾 20~25 kg 和过磷酸钙 10~15 kg，或复合肥 20 kg，均匀撒施于种植行上并结合培土。

五、病虫害绿色防控

生姜病虫害较少，主要有姜腐烂病（姜瘟）、斑点病、炭疽病和螟虫等。

姜瘟最常见且为害严重，发病时间多在立秋前后，尤其是在秋雨多、地势低洼积水的情况下最容易引起发病并蔓延。姜瘟的发病期长，传播途径多，防治较为困难，应以农业防治为主，辅以药剂防治。具体为：实行 2 年以上的轮作栽培；严格选用无病姜种，实行种块消毒；选择排水、肥沃、疏松的土地栽培，开好田间排水沟；及时拔掉中心病株，并在周围撒石灰消毒；发病后及时用 50%代森铵 1 000 倍液喷雾 2~3 次。姜斑点病在发病初期，喷洒 70%代森联水分散粒剂 600 倍液或 70%甲基硫菌灵可湿性粉剂 800 倍液，间隔 7~10 d 喷 1 次，连喷 3~5 次。姜炭疽病发病时，及时喷洒 32.5%苯甲·菌酯悬浮剂 1 500 倍液，10~15 d 1 次，防治 2~3 次。

生姜螟虫发生初期，发现枯心苗即被害叶片因失水而卷曲，可用刀将螟虫连同受害苗茎叶一起割除，杀死或烧毁，使其基部再发分枝补缺；在虫卵孵化高峰期，螟虫尚未钻入心叶蛀食之前，叶面喷洒 10%锐劲特 1 000 倍液或 3%甲维盐 1 500 倍液或敌杀死 2 000~3 000 倍液等，也可用这些药剂注入地上茎的虫口。

六、适时收获

秋季茎叶枯黄后收获，将假茎连叶掰掉，姜块入窖贮藏，入窖后需在高湿和 20 ℃左右的温度下，让伤残基部干萎脱落，使伤口愈合。

第二十八节　芋　头

一、选地整地、施足基肥

芋头喜高温湿润，不耐旱，较耐阴，并具有水生植物的特性，水田或旱地均可栽培。根系吸收力弱，整个生长期要求充足水分；对土壤适应性广，以肥沃深厚、保水力强的黏质土为宜；种芋在13~15℃开始发芽，生长适温20℃以上，球茎在短日照条件下形成，发育最适温度27~30℃。如遇低温干旱则生长不良，严重影响产量。芋头喜欢较多的肥料，一般每亩施优质腐熟有机肥4 000~5 000 kg、过磷酸钙30~40 kg、硫酸钾30 kg，撒匀深翻20~30 cm，耕平耙细等待播种。

二、合理施肥

芋头生长期长，产量高，需肥量大，除施足基肥外还应分次追肥。可在幼苗前期追1次提苗肥，发棵和球茎生长盛期的初期、中期追肥2~3次，施肥量前少后多，逐渐增加，氮、磷、钾肥要配合施用。后期应控制追肥，避免贪青晚熟。

三、科学管水

芋头耐涝怕旱。芋头叶片大，蒸腾作用强，因此喜水、忌土壤干燥，否则易发生黄叶、枯叶现象。前期由于气温低，生长量小，所以只需保持土壤湿度即可，特别是出苗期切忌浇水，以免影响发根和出苗。中后期气温高，生长量大，需水量多，要保持土壤湿润，但灌水时间宜在早晚，尤其高温季节要避免中午浇水，否则易使叶片枯萎。

四、适时培土

当7月中旬部分子芋或孙芋可抽出2~3片叶的二芽，为了避免露出地面晒青而引起品质下降，必须及时培土压顶。但为了增加叶面积加强光合作用，以利于球茎的膨大，每株可留选生长健壮、叶片肥大的2~3个二芽使其正常生长，其余的二芽则要压在土内抑制子芋、孙芋的顶芽萌发及生长，减少养分消耗，使芋头充分膨大和发生大量不定根增加抗旱能力，有较明显的增产效果。

五、病虫害绿色防控

（一）病害

芋头生长过程中主要有芋疫病、芋污斑病等，高温高湿条件下易发生疫病。

（1）芋疫病。属真菌性病害，主要为害叶柄叶片和球茎，6—8月为发病高峰期。高温、多湿或时雨时晴，容易发生，过度密植和偏施氮肥，生长旺盛，发病严重。以防为主，发病前于5月中旬开始用药，可选用保护性杀菌剂如代森锰锌，分别加入疫霜灵、甲霜灵、安克等交替使用，7~10 d喷1次。施药时应掌握好天气，选择雨前喷药，同时喷洒药液要均匀，叶背、叶面、叶柄都要喷到。

（2）芋污斑病。仅为害叶片，可用百菌清、甲基硫菌灵于发病初期开始防治，隔7~10 d再喷施1次。

（二）主要虫害

（1）蚜虫。以成虫、若虫在叶背或嫩叶上吸汁液，使叶片卷曲畸形，生长不良，并传播病毒病，严重时造成叶片布满黑色霉层。可用吡虫啉类农药喷杀。

（2）斜纹夜蛾。幼虫食叶，严重时仅剩叶脉。一般用功夫或乐斯本、吡虫啉在幼虫3龄前喷杀，用药要考虑综合防治。如吡虫啉加阿维菌素可以防芋蚜、斜纹夜蛾等害虫。

六、适时收获

一般进入霜降季节即可采收，采收前20 d停止灌水，收获时间以晴天露水干后为好。芋头在霜降前后叶黄根枯球茎充分成熟时收获，对产量影响较大。对留种芋必须充分成熟后方能收获，收获前先割去地上部，待伤口干燥愈合后选晴天收获。

第二十九节 魔 芋

一、精选种芋

播种前选择芋龄较小、膨大率高的块茎作种芋，一是要选芽口平、窝小、叶芽短、粗壮、光滑、无病疤，无伤疤芋种；二是要按大小分级挑选分开；三是芋种不宜大，宜在 10～500 g；四是不选用不够成熟种芋和贮藏不当的种子；五是对于过早出芽、芽似号筒、长达 4 cm 以上、无叶的块茎，即可认定为公芋，不能作种用。

二、适时播种

一般在立春后开始播种，在谷雨节前结束（但一定要在雨水来临前播种结束）。

三、合理密植

根据种芋大小确定播种密度。一龄种（约 10 g）当年采收的密度控制在 18 000 株以内，两年采收的密度控制在 6 000 株以内；100～200 g 当年采收的密度控制在 4 500 株左右；200～400 g 当年采收的密度控制在 3 000 株以内；500 g 左右的密度控制在 2 500 株以内。

四、播种方法

穴播：每穴 1 个（小于 500 g 球茎种芋）按 23 cm×33 cm 株行距种植魔芋；沟播方式：在起垄畦面挖深 15～20 cm 播种沟，按 15 cm×40 cm 株行距种植魔芋；种芋规格大的种植密度稍低，播种后要覆盖 3～5 cm 细土再施窝子肥。种芋与肥料相互隔离，将球茎稍侧倾斜放置，且顶部一般应向一个方向，平地向南方，坡地则向坡顶方向倾斜，球基与地面倾斜角为 45°左右。

五、病虫害绿色防控

（一）病害防治

重点防治好魔芋软腐病、白绢病，苗齐后应及时用药进行一次病害防治，用汰腐净加魔芋灵或其他防治药剂配上高氮型叶面肥进行喷雾，以后每隔 7~10 d 用药 1 次，全生育期用药 3~4 次；可选用的药剂有氯溴异氰尿酸、王铜、可杀得、噻菌铜、枯草芽孢杆菌、大蒜素、魔芋消毒灵等。

（二）虫害防治

要及时防治蛴螬、蝼蛄等地下害虫，这些害虫不仅可以造成魔芋根部及块茎伤口，而且易传播软腐细菌。可用颗粒型杀虫剂（如辛硫磷、毒死蜱类）混合底肥施用，进行防治。

六、适时收获

一般情况下，魔芋地上植株自然倒苗 15 d 左右，可及时采挖商品芋，将芋鞭继续保留在田间，待春节前后完全成熟拣出；种芋在做好防止冻害的前提下，延迟到 2—3 月采挖。

第三十节　秋　葵

一、整地施肥

选择通风向阳、排灌方便、土层深厚、疏松肥沃、富含有机质的沙质壤土地块种植，避免连作，有条件的可水旱轮作。前茬作物收获后，清理田间残枝枯叶，挖好田间排水沟。定植前 10 d 深耕晒土，结合整地每亩施腐熟人畜粪 1 500 kg、复合肥 30~40 kg，肥料与土壤混合均匀后耙平耙细，筑畦宽（含沟）1.5 m、沟深 0.25~0.30 m。

二、定植

定植时每畦栽双行，株距 40 cm，每亩定植 2 000 株左右。要求光照充足，若种植密度过大，田间通风透光不良，植株生长受影响，产量和品质降低；若种植过稀，虽然单株产量提高了，但总产量降低。

三、肥水管理

生长前期以施氮肥为主，中后期以施磷钾肥为主，整个生长期需多次追肥。秧苗长有 4~5 片真叶时（育苗移栽的，为定植缓苗后）第一次追肥，每亩施人粪尿 1 000 kg；结果初期第二次追肥，每亩施人粪尿 1 500~2 000 kg；以后每半个月追肥 1 次。从第二次追肥起，配合施用磷、钾肥。幼苗定植成活后，土壤保持湿润，不宜长时间干旱缺水。盛夏季节正值秋葵生长和收获盛期，需水量大，地表温度高，应及时灌水，保持畦沟湿润，雨季或台风季节注意防涝。

四、病虫害绿色防控

秋葵病虫害主要有白粉病、病毒病、蚜虫等。

（一）白粉病

发病初期可用 15% 粉锈宁 1 000 倍液防治，每隔 3 d 防治 1 次，连防 2~3 次。

（二）病毒病

及时防治蚜虫；发病初期拔除病株，喷洒 20% 病毒 A 400 倍液防治。

（三）蚜虫

可选用 10% 吡虫啉 1 500 倍液或 3% 啶虫脒乳油 2 500 倍液等低毒农药防治。秋葵在夏季每天均可采收，因此要注意农药的安全间隔期。一般在采收前 10 d 集中防治 1 次病虫害，开始采收后不宜再使用化学药剂。

五、适时收获

果长 8~10 cm 时在早晨或傍晚收获，收获时用剪刀剪断果柄即可。收获过早荚果产量低；收获过迟荚果纤维化，影响口感。盛夏高温季节每天或隔天采摘 1 次，温度低时 3~5 d 采摘 1 次。

第三十一节 莲 藕

一、做好水位的管理

莲藕是一种水生植物，所以在培育阶段做好水位管理和控制就显得特别重要。需要根据浅—深—浅的原则进行水层的管理，及时根据莲藕的不同生长阶段调整水位，确保能促进莲藕健康生长。如在莲藕的栽植后期，种植户就需要及时调降水位，促进地温升高，使莲藕更加顺利地结藕。

二、注意及时追肥

由于莲藕需要在整个生长期进行营养摄入，所以还需在保障充足底肥的基础上再及时追肥。追肥的次数一般可以控制为2次，第一次追肥是在莲藕低立叶刚出现之后，第二次追肥是在结藕的初期，适时追肥可以促进莲藕更好地成长，对于提高莲藕产量有着重要作用。

三、病虫害绿色防控

合理密植，确保藕田通风透气。适当增施磷、钾肥，提高抗病性。及时清除病株残体，防止病害蔓延传播。发病初期，可用25%多菌灵600倍液或75%百菌清1 000倍液喷雾。

四、适时收获

掌握高效率的采收方法才能提高莲藕的收获率，莲藕收获时需要注意3个要点。

第一，需要确定藕的生长方向。在采藕之前还需要提前掌握嫩藕的生长方向，在清理完荷叶之后就可以轻松地将藕根起获。

第二，需要掌握收获的手法。在收获藕时还需要将藕身周围的泥土扒开，慢慢地将整藕向后拖出，如果水位太深的话也可以使用藕钩慢慢将藕钩出。

第三，需要避免对藕身造成伤害。嫩藕很容易被折断，种植者在收获藕的过程中还需要控制力度和手法，避免对藕身造成伤害。

第三十二节 芦 笋

一、播种育苗

芦笋的种植时间一般在每年4—8月，一般采取穴盘育苗的方法，以保证育苗的效果。选用有32孔或者50孔的穴盘。目前市场上有已经调配好的培养基质，也可以自己调配，调配所需的材料为草炭土、蛭石、珍珠岩，比例为2∶1∶1，混水进行调和。将种子直接放在穴盘中，每孔播种1棵，然后撒上一层2 cm左右的基质，播种完成后需要浇水。

二、定植

一般选择在6—10月进行定植。在定植前要准备肥料，施入充分腐熟的有机肥15 t/hm²、硫酸钾复合肥（15-15-15）750 kg/hm²做为基肥。然后对土地进行深耕，耕作的深度需要控制在35 cm左右，平整土地，在种植中需要将芦笋的储藏根展开。同时要合理安排种植密度，一般横向控制在20 cm左右，纵向控制在18 cm左右。栽种的深度为13 cm左右，栽种完成后浇水，然后踏实土地。

三、定植后管理

定植后需要随时关注土地墒情。如果土壤的含水量过少，则需要适当补充水分；但不要浇太多水，芦笋不耐涝，土壤水分太多会引发根系腐烂。在定植两周后需要追肥，施入硫酸钾复合肥750 kg/hm²。夏季蒸发量比较大，在种植过程中需要根据实际情况浇水。

四、病虫害绿色防控

病虫害防治是芦笋种植的关键。芦笋生长期病害有根腐病、茎枯病、褐斑病，主要害虫有蛴螬、蝼蛄和金针虫等。在日常管理中，应重视对病虫害的预防。在病虫害比较严重时，可以通过化学药物进行防治，一般采取物理防治与生物防治相结合的手段。在种植前，要保证品种具有较强的抗病虫害能力，应选择一代杂交品种，并保证种植管理的科学性。在病虫害的防治上，可以利用害虫具有趋光性的特点。在种植园添加杀虫灯，或者在芦笋上方 150 cm 处悬挂粘板，对蚜虫具有良好的诱杀效果。

五、适时收获

当芦笋长到一定高度时就可以进行收获。收获时，将芦笋从根部割断，并清除叶片和老化部分。收获后要及时进行处理和贮藏。贮藏前要将芦笋洗净切成段，晾干水分，然后放入冰箱或冷库中贮藏。

第五章 果桑茶绿色生态种植技术

第一节 苹 果

一、大苗繁育

目前多选用矮化苹果树或者半矮化苹果树，株苗间距控制在 0.5~1 m，这样能够避免株苗在后期繁育过程中因过度紧密或疏松而影响生长。待苹果树苗成功培育后进行苗圃整形，即形成花芽后移栽矮化大苗，避免后期出现果树排列不齐、果实不饱满或者成熟期错后等问题。

二、栽植密度

果树栽培密度能够直接影响其生长状况，选择适宜的种植密度是果树健康繁育的必要条件。栽培密度过大会影响光照、养分和水分的吸收，导致果树营养成分不均匀，进而影响大面积的果园生长。栽植密度过小会浪费土地资源，影响产量。因此，应结合果树体积和品种合理确定栽植密度。

三、种植方式

应根据苹果树的生长环境，选择科学有效的栽植方式，一般要求沿南北行向栽植，以便通风透光。

目前我国在栽植过程中通常采用长方形、正方形及三角形等形状。

四、合理修剪

合理修剪果树枝干能够提高养分吸收率。果树处于休眠阶段时，修剪以疏除、长放、短截等手法为主；果树处于生长发育阶段时，采用刻芽、拉枝等手法修剪，有助于花芽的形成和增加，进而提高产量。

五、授粉管理

果树开花期授粉主要有两种方式：一是蜜蜂授粉；二是人工授粉。前者使用范围较广，有助于生态环境的平衡；后者在极端气候条件下才使用。果树授粉时不能喷洒农药，要对树冠进行全方位授粉，避免遗漏。

六、病虫害绿色防控

苹果树在生长过程中必然会受到病虫害的侵袭，应采取安全防范措施。通常果树会遭受不同程度的腐烂病害和轮纹病害，可在其表层涂抹防病害药物，或者将腐烂程度较高的枝干及时处理干净。果树发生虫害时，可选用阿维菌素等药品灭虫。

第二节　梨

一、建设园地

（一）产地环境条件

产地环境应符合《绿色食品　产地环境质量》（NY/T 391—2021）的要求。

（二）土壤条件

选择地势平坦、土层深厚、排水良好、地下水位 1.0 m 以下、土壤 pH 值 6.0~8.0 的沙壤土为好。

（三）气候条件

年平均气温为 10~15 ℃，全年无霜期为 210 d 以上，年降水量 800~1 100 mm。

二、苗木定植

（一）苗木选择

选择品种纯正、嫁接口离地面 10~15 cm，且愈合良好，干高 120 cm 以上，苗干成熟度好，侧芽饱满，无机械损伤，主根长 20~25 cm，有 5 条以上侧根，根系直径达 0.3 cm，侧根长度 15 cm 以上，无病虫害的苗木。

（二）栽植时期

一般为 2 月中下旬至 3 月上旬，栽于土壤解冻后至苗木萌芽前。

（三）栽植技术

采用 1 m × 1 m 定植沟或 1 m³ 的大穴栽植。栽前将苗木根部浸泡水中，充分吸水后取出苗木，对直径 0.2 cm 以上的粗根轻截，以剪出新茬为宜。用 0.5 波美度石硫合剂消毒，蘸泥浆后栽植。栽植时舒展根系，扶正苗木，纵横成行，边填土边提苗、踏实，埋土到根颈处。栽后及时浇水。

（四）栽植密度

株距 2~2.5 m，行距 4~5 m，每亩以 70~90 株为宜。

三、土肥水管理

（一）土壤管理

1. 土壤耕翻

定植后逐年对定植坑外土壤进行深翻改良，结合秋施基肥用旋耕机全园深翻 20~30 cm，由于梨根愈合恢复生长比较困难，深翻时尽量避免切断 0.5 cm 以上的粗根。

2. 中耕松土

在生长季降雨或灌水后，及时中耕除草，保持土壤疏松。中耕深 5~10 cm。

（二）施肥管理

1. 施肥原则

应符合《绿色食品　肥料使用准则》（NY/T 394—2023）要求。

2. 基肥

基肥以秋施为宜，在落叶前一个半月施入，秋季未施的也可春季萌芽前施入。在苗木定植成活发芽后，新梢长 5 cm 后进行。每隔 25～30 d 施肥 1 次，每亩施复合肥 8～10 kg。丰产盛果期每亩施无害化处理的农家肥 2 000～3 000 kg。

3. 追肥

第一次在萌芽前后，每亩施复合肥 15～20 kg；第二次在果实膨大期，每亩施复合肥 20～35 kg；第三次在果实生长期，每亩施复合肥 15～20 kg。采用开穴追施，穴深 10 cm 左右，施肥后覆土灌水。

（三）水分管理

根据降水量和田间持水量灌水。萌芽前后至新梢和幼果迅速生长期，当土壤含水量大于田间持水量的 60% 时，不灌溉。低于 60% 时，灌水 1～2 次。花期、花芽分化前、果实成熟前应适当控制灌水。除雨季外，一般土壤施肥后灌水。雨季前要疏通梨园内外排水沟，注意排水。

四、病虫害绿色防控

梨主要病害有梨黑星病、炭疽病等，虫害主要有梨木虱、梨小食心虫等。

（一）农业防治

选用健康优质苗木，加强栽培管理，增施基肥，合理排灌，控氮增钾，合理负载，增强树势，从而减轻病虫害发生。

（二）物理防治

黑光灯诱杀梨小食心虫等害虫；利用梨木虱趋黄特性悬挂黄板诱杀梨木虱成虫，悬挂高度距地面 2.0 m 高，东西方向悬挂，每亩梨园悬挂 4～8 块黄板，效果显著。

（三）生态调控

提倡行间生草或种植绿肥植物，为天敌提供庇护场所。

（四）化学防治

农药使用应符合《绿色食品　农药使用准则》（NY/T

393—2020）的要求。梨树黑星病、炭疽病在发病初期可用80%代森锰锌可湿性粉剂800倍液喷雾防治。梨木虱在若虫集中发生期，可用10%吡虫啉可湿性粉剂2 500倍液喷雾防治。梨小食心虫在幼虫期，可用25%灭幼脲水剂2 000倍液喷雾防治。

第三节 桃

一、正确选地

桃树是喜光类果树，栽时应选靠东南方向或西南方向栽植为宜。

二、规范栽植

一般以每亩栽80株为宜，即窝行距为2.5 m×3 m（89株）或3 m×3 m（74株），要求纵横成行。

三、科学配制有机无菌无虫的营养肥

营养肥应在栽树前30~50 d内进行配制、调匀并密封堆沤。营养肥的主要原料是：按1 m³肥沃并筛选后的土杂肥或厩肥，加人畜粪水30~50 kg、尿素0.2~0.25 kg、油枯0.5~0.6 kg、优质过磷酸钙0.3~0.5 kg，再加50%多菌灵25~30 g、25%杀虫双水剂150~200 g。将所有物质反复搅拌后进行密封堆沤腐熟，待栽树时作基肥使用。

四、科学打窝填料

桃树又是长根类树型，栽植时，要深开窝，一般窝深1 m左右，窝径以0.8~1 m为宜。栽植前，先将窝内泥土取出，随后在窝底处填埋20~30 cm的切段苕藤或其他切段秸秆粗料（切段为7~10 cm），再填土覆盖。

五、四季管理新技术

（一）春抹芽

在树芽刚长出1 cm左右时，便抹去树枝上的黄弱芽、带病芽、虫伤芽、畸形芽等，保留好健壮芽。

（二）夏摘心

在树枝长到 40~50 cm 时，摘去树枝上面的顶尖嫩梢，确保有效营养供应果和整个树体。

（三）秋扭梢

在初秋对桃树树枝过旺、过密时，应采取人工扭旺梢（徒长枝）的办法，使其减少营养消耗，将有效的营养供给桃树整体正常生长。

（四）冬整枝

在冬季主要对桃树进行定型修枝，剪去病虫枝、下垂枝、交叉枝等，确保桃树生长结构科学。

六、病虫害绿色防控

（一）流胶病

（1）农业防治。认真搞好桃园清园，将树盘周围的杂草、残物集中烧毁或深埋。同时按每两株或单株桃树为一行开好防涝排水沟（沙壤土两株 1 行，黏性土单株 1 行）。排水沟深 30~40 cm，沟宽 30~35 cm。要增施有机肥，适当控制氮肥用量。还可在翻挖桃园时，结合用土消宝 1 000 g 加水稀释成 400~500 倍液淋土，杀灭地下病原菌。

（2）化学防治。在桃树发芽前期喷施 3~5 波美度石硫合剂。在发病初期喷施硫黄胶悬液 600~800 倍液，或 25% 多菌灵可湿性粉剂 300~500 倍液喷雾。

（二）褐腐病

（1）农业防治。合理修剪桃枝。对病虫枝、枯枝、交叉枝、下垂枝等进行科学修剪，并将僵果，带病树枝和其他带病杂物清除、销毁。加强果园管护。

（2）化学防治。主要用百菌清 75% 可湿性粉剂 600~700 倍液，或 25% 多菌灵可湿性粉剂 300~500 倍液、45% 代森钱水剂 1 000 倍液、70% 甲基硫菌灵可湿性粉剂 800~1 000 倍液喷雾。

(三) 桃蛀螟

利用糖醋液或性诱剂等诱杀成虫，或实行果实套袋防止害虫为害桃果。选用2.5%溴氧菊酯乳油3 000~5 000 倍液，或5%氯氟氰菊酯水乳剂3 000~5 000 倍液、50%杀螟硫磷乳油1 000 倍液喷雾。

第四节　樱　桃

一、定植前准备

樱桃树种植前，要对种植地进行实地勘察，然后对土地进行平整，土地平整达标后开始根据樱桃树品种挖定植沟，确保定植沟的深度达到相关标准。一般定植沟的深度最好控制在80 cm 左右，而且沟内至少要覆盖20 cm 厚的作物秸秆，然后用土进行掩盖，并加入适量的肥料，保证栽种完成后的樱桃树能快速获取养分，满足樱桃树生长期间对养分的需求。

二、肥水管理

移栽过程中一定要保证土壤水分充足，移栽完成后还要进行浇水处理，保证水分供应充足，能提高樱桃树的产量。在樱桃树生长时期，还要重视施肥工作。由于樱桃树在不同季节的生长状态不同，只有根据其生长状态进行合理施肥，才能保证让樱桃树有效吸收养分，从而实现高产。

三、整形修剪

由于樱桃树生长过程中会有一部分枝条出现营养不良的现象，一旦有营养不良的枝条出现，就会与其他正常枝条争夺养分，从而导致植株整体生长状况不佳。一旦出现这种情况，要及时对樱桃树营养不良的枝条进行修剪。修剪方式主要有摘心和剪截两种，对樱桃树进行修剪时要注意修剪时机，根据每个季节的樱桃树生长状况进行修剪，避免因修剪不当影响樱桃树的正常生长。5月下旬要对直立枝条和竞争枝条进行修剪；7月中下旬要对连续生长枝条进行修剪，如果对连续生长的枝条不进行处理，会导致植株整体营养供应不足，从而导致樱桃减产。

四、花果期管理

樱桃树结果后，要将生长状况不良的果实进行摘除，还要进行疏果和疏蕾处理，保证营养的有效供应，提高果实品质。果实进入着色期后，可以在樱桃树冠下铺设一层反光膜，能提高果实的含糖量，从而大大提高樱桃的质量。

五、病虫害绿色防控

樱桃常见的病害主要有叶斑病、褐斑穿孔病、细菌性穿孔病、根瘤病、流胶病等。植株发生病害时，应及时喷洒相应药物进行防治，每年在果实膨大期要喷洒抗病药物预防病害的发生。此外，还应在采果后进行大面积的消毒处理，向园内撒施生石灰，并且还要对每株樱桃树进行施肥。

樱桃虫害的防治相对比较复杂，需要定期检查植株，发现虫害后及时采取相应措施进行防治。樱桃常见的虫害有桑白盾蚧、果蝇和红蜘蛛等。萌芽前、冬季休眠期树干喷施 3 波美度石硫合剂，用以保护树干。桑白盾蚧可用 10% 吡虫啉可湿性粉剂 4 000 倍液喷洒。果蝇和红蜘蛛可用 73% 克螨特乳油 1 500 倍液全树喷洒。

第五节　猕猴桃

一、对地理位置的选择

选择合适的地理位置是种植猕猴桃成功的关键因素，应该根据猕猴桃喜光、需水、怕涝，但是抗旱能力较弱等特点，选择土地资源肥沃、光照、水资源等条件充足的亚热带或温带湿润半湿润气候地区，以保证最适宜的猕猴桃栽培种植环境。

二、对架式进行合理选择

猕猴桃属于藤本植物，因此，在种植猕猴桃的过程中，需要采用一定的架式。为了能够有效提高猕猴桃的产量，一般就会增加架式的密度，随着猕猴桃的生长，再逐年对行距进行扩大。另外，在定植之前还需要竖立支架，从而保障猕猴桃的正常生长，而较为常用的支架形式为"T"形架式。

三、栽植管理

在种植猕猴桃的过程中，应该提前对栽植的猕猴桃生长所需的距离进行明确，然后再进行种植。同时，一般会选择在冬季落叶之后栽植猕猴桃，如果选择在早春进行栽植，那么则需要注意在伤流期之前完成栽种。种植时还需要及时修剪果树，在果树修剪过程中，不同的人修剪同一个树枝时，留下的切口会不同，产生的效果也会不同。同时，如果切口留得不好，会导致伤口愈合困难，并容易感染，这不仅与切割面的大小和正确性有关，还与气候环境、土壤、种植技术和果树生长有关。如果果树生长旺盛，修剪和管理到位后伤口很容易愈合；但是如果伤口太大，树枝在寒冷的冬天很难愈合。

四、花果管理

在确定猕猴桃果量的过程中，通常都会根据猕猴桃的长势及枝条进行选择。猕猴桃花量大、坐果良好，基本上无生理落果，但坐果过多会导致树体负担过重，且果个小、品质低。根据猕猴桃品种习性和气候确定疏花疏果的强度和时间，一般疏花时应保主花而疏除侧花。为避免疏花过量或花期遇雨授粉不良，保留的花数应比预留的果数多20%~30%。

五、施肥处理

肥料对猕猴桃的生长影响较大，其喜肥怕烧，掌握合适的肥料用量对其生长很重要，因此要少量多次，根据实际情况增加肥料。这样既能满足猕猴桃生长发育的养料需求，又不会产生过多的肥料污染。猕猴桃在不同的生长发育时期对肥料的需求也不同，例如在生长发育早期，主要是以氮、磷元素为主，萌芽后直至开花结果，又会以钙、镁、硼、铁、锰等元素为主。所以，在不同的生长阶段，需要增加不同的养分，以此来满足猕猴桃的生长需求。

六、病虫害绿色防控

为了保证猕猴桃后期的健康生长，必须要对病虫害进行科学防治，及时发现病虫害，使用低毒类的农药控制疫情，同时做好病害果树的清理工作，防止交叉传染。针对不同时节的不同虫害，应及时关注容易出现的虫害以及当季流行的虫害，可以选择喷洒药物杀螟松 1 000 倍液、3~5 波美度石硫合剂或 65%代森锌可湿性粉剂 500 倍液等来进行防治，但切忌滥用农药。

第六节　核　桃

一、选择合适栽培地点

通常选择山地丘陵地形，以背风向阳为主，具有良好的交通体系，待核桃成熟后方便运输与销售。

核桃树栽培时要考虑土壤问题：选择具有肥沃、深厚的土层，较小密度，保持中性或弱碱性反应。同时，核桃成长对土壤土质有着较高要求，最合适的就是黄棕或红棕土质。

二、品种选择与授粉树

树苗选择时，选取优良品种，具有发达根系、完好侧根与强分枝能力。各地根据自己情况引入合适的品种。

核桃树栽培时株与株之间保持 4 m×5 m 或 5 m×6 m，不过也可以根据具体情况选择密植。按照 4 株栽植 1 株或隔 4 行栽植 1 行授粉树的方式栽培，可以根据实际情况进行调整。选择人工授粉时，要待核桃树雄花盛开后利用事先准备的纸收集花穗，将其放置在空气干燥的地方获取花粉。

三、肥水管理

核桃苗木栽植后需要做好施肥管理，这也是保证核桃产量与质量的关键，通常核桃幼树栽植后每年需要 70 g 氮肥、30 g

磷肥、30 g 钾肥，具体根据核桃树生长情况进行调整。同时需要施加 5 kg 有机肥，并进行深层次施肥。苗木浇灌时与施肥工作结合起来，通过水分可以促使肥料彻底渗透，避免浇水过量出现肥料流失或功能减弱。

四、病虫害绿色防控

（一）病害防治

核桃的病害为害严重，不仅会影响核桃的产量，还会降低核桃的质量。应加强树体管理，合理施肥、浇水，提高树势，增强核桃树的抗病能力。同时，要清除落叶、落果等病害残体，减少病害传染源。利用天敌、微生物等，开展生物防治。在病害发生初期，及时开展化学防治。

（二）虫害防治

核桃虫害通常会选择农业防治的方式，首先需要选择较好的品种，保证核桃总体的抗病能力。在种植时，通常会选择深耕的方式，及时对深层土壤中的虫卵进行杀灭处理，从而有效控制虫害的发生。另外，还会选择采用物理防治的方式，主要通过防虫网或黄板诱杀。在育苗过程中可以使用反光薄膜，从而更好地防治虫害，防止病毒传播。也可采用生物防治，即在核桃的生长过程中引入天敌，必要时还可以使用化学防治的方式，提高害虫杀灭的速度。

第七节　柑　橘

一、科学建园

（一）选址

用于进行柑橘栽培的园地是有一定要求的，结合柑橘扎根较深且根系细长的特征，需选择坡度稍平缓且光照充足，不易积水、土壤肥沃、酸碱度适宜的山腰地带，为柑橘生长创造良好环境。

（二）定植

根据情况挖 1 m² 左右的定植穴，向穴内进行基肥施加，包括复合肥 1 kg、饼肥 2~3 kg、土杂肥 100 kg，定植时做好行株距的控制（通常为 3 m×3 m），北部地区冬季气候寒冷，为保障苗木免受冻害影响，所以应延长休眠期，将定植时间维持在每年的 3 月中旬到 4 月上旬，该时段气温明显回升，可提高成活率，定植前需根据情况对主根与枝叶给予修剪，主根与主干留下的长度分别为 10 cm 与 40 cm，定植完成过 7 d 则为树苗浇 1 次透水，保证需水量。

二、土肥管理

（一）幼树施肥

结合树苗大小情况在抽梢前适量施加速效氮肥（主肥）＋磷、钾肥。

（二）结果树管理

每年 5 月中旬根据树苗大小施加速效氮肥（主肥）＋磷、钾肥，达到减少生理性落果的目的。每年 7 月中旬施加壮果肥，以氮肥为主，辅以磷、钾肥同时施下，使采果后树势能尽快恢复。

（三）施加基肥

在冬季大寒前施加，挖出宽 0.4 m、长 1 m、深 0.4~0.5 m 的基肥坑，向坑内施加一定量的猪牛栏粪与土杂肥。

三、整形修剪

（一）定干

40~50 cm 为最适宜的定干高度，将主干 30 cm 以上的芽梢均剪掉，主枝上需保持相应分枝角。

（二）幼年树修剪

做好骨干枝培养，短截从骨干枝处伸出的延长枝（通常留

40~50 cm)。

(三) 结果

树修剪。适时剪除零星嫩芽（通常在春梢停止生长时），进行养分积累。

四、病虫害绿色防控

(一) 常见病害

1. 柑橘疮痂病

(1) 使用50%苯菌灵可湿性粉剂800倍液、40%三唑酮多菌灵可湿性粉剂800倍液在栽培前对从外地运输引进的接穗与苗木给予浸泡。

(2) 使用30%氧氯化铜悬浮剂600倍液、40%三唑酮多菌灵可湿性粉剂800倍液进行喷洒进行新萌发的嫩枝叶与幼果保护。

2. 柑橘溃疡病

(1) 从外地运输而来的接穗与苗木，栽培前使用0.3%硫酸亚铁浸泡10 min。

(2) 使用30%氧氯化铜悬浮剂800~1 000倍液、20%喹菌酮可湿性粉剂1 000~1 500倍液保梢保果。

(二) 常见虫害

1. 红蜘蛛

(1) 做好冬季清园，对枯枝、病枝应及时带离园并集中烧毁。

(2) 春季应积极做好防控工作，发现红蜘蛛后及时进行药物喷洒，因柑橘红蜘蛛对有机磷等一系列农药有抗药性，故而需选择1 500倍液73%克螨特乳油或40~60倍液机油乳剂以全株淋洗式进行药物喷洒。

2. 潜叶蛾

成虫羽化期与低龄幼虫期为最佳防控期，选择25%杀虫双水剂500倍液、5%吡虫啉乳油1 500倍液交替喷洒，减少耐药性。

第八节 葡 萄

一、园地规划

选择种植园地是葡萄栽培的重要工作，也是前提。

规划处理种植园区，改善果园的道路系统，以确保农业机械和运输车辆通过。灌溉系统应尽可能使用滴灌和渗透灌溉系统，并严格按标准控制好灌溉密度。应提供充足的光照，为后续工作提供基本保障。完成准备工作后，挖出种植沟。一般来说，最好在秋天进行，种植沟的宽度和深度通常设置在 80~100 cm。开挖耕作沟渠后，有机物、表土和肥料混合土被分层填充。使用有机肥料、过磷酸钙等，加水以确保土壤已经固化，并在翌年春季种植。管理果园时，还应通过在果园周围建立荫蔽林来改善小区域气候。

二、定植管理

葡萄定植后，在其发芽前不需要频繁灌溉，如果土壤在春季缺乏水分，可以少量浇水，但要注意不要用土盘覆盖葡萄芽。因此，葡萄定植后管理的重点在于日常维护及土壤管理，为了促进葡萄生长，需保持土壤水分，并在葡萄生长过程中定期除草。葡萄的生长不需要太多水分，因此要特别注意土壤不能有积水。在葡萄灌溉环节，花蕾期和开花期间降水量更多，因此通常不需要灌溉。而如果遭遇高温干燥天气，则可实施滴灌。

三、肥水管理

在发芽初期，需要大量的氮肥；在开花结果期，需要充足的营养元素来支撑开花结果的过程，从而实现高质高产的目标。

四、病虫害绿色防控

葡萄容易受到一些病虫害的侵袭，如葡萄白粉病、葡萄黑腐病、蚜虫等。定期检查植株，及时发现并采取相应的防治措施，可以有效地防止病虫害的发生。

第九节　板　栗

一、幼苗的栽培

一般幼苗选择在 1~2 年生的高 80 cm 以上且嫁接口径达 1 cm 为最佳，同时根系要选择根系发达、无病虫害的树种种植。一般种植间距为 3m 左右。板栗的种植时间应选择在春秋两季为主，在此过程中要注意幼苗新出芽的病虫害预防，一般刚新抽的新芽容易长虫，因此要及时预防病虫害，也可给幼苗进行土壤杀虫杀菌处理，如撒生石灰。

二、生长周期的栽培

折摘比较密的枝条，从而增加枝条之间的间隙空间，提升树枝的光照面积。在生长周期肥水管理也是关键，一般追肥过程中都是采取有机肥，同时也可以通过间作起到以农养林的效果，如种植花生及豆类农作物，从而提升林地的肥力。在成长周期过程中除了施肥环节外，也要注重其病虫害的防护，才能有效保证其树苗的健康生长。

三、盛果期的栽培

1. 肥料管理

板栗的适应力比较强，所以一般是种植在肥力不怎么高的地块上，如荒坡，而要想其年年丰产，肥料一定要跟上，否则极易出现大小年的现象，严重降低结果寿命。一般在 3—4 月时，应该施入适量的基肥，尤其是施一些磷、钾肥，以保证枝梢生长以及花芽分化。其次是在 7 月中旬时，施用一些绿肥，一方面能改善土质，另一方面能有利于肥效发挥。幼果膨大需要大量的养分，这时补施肥料可以让板栗生长得更大，成熟更早。最后一次越冬肥，在入冬前施入，保证植株安全越冬，以优质农家肥为宜。

2. 树形管理

板栗最好在冬夏进行修剪。一般夏季修剪在 6 月底，有些地区也可以推迟到 7 月初；而冬剪可以从 11 月一直到翌年 3 月初。在修剪过程中要注意树形控制，尽量要挂果枝分布均匀，尤其是对于多年结果的板栗树而言，要防止挂果外移，在修剪时要多做内缩产量。除此之外，还要及时去除老树上的老枝和病枝，有利于防病和提高树势。

3. 花果期管理

在进入花期后，对于授粉不好的园地，需要采取人工干预的手段授粉，这样能保证挂果率，挂果后可以适当疏果，保持树体负载平衡。人工挂果过多，大大超过植株的负载能力，果实间相互争抢养分，会造成果实普遍较小，而不利于出售。所以要对挂果过多的枝条适当疏果，有利于实现优产。

四、病虫害绿色防控

常见的板栗树病虫害有白粉病、叶斑病、栗蚜、板栗小食心虫等。

1. 白粉病

白粉病是板栗树常见的病害，主要在湿度较高的环境中发生。其症状为叶片上出现白色粉状物，严重时会导致叶片枯萎。防治方法包括及时清除病叶、保持通风透光、使用合适的农药喷洒。

2. 叶斑病

叶斑病是由真菌引起的病害，叶片上出现不规则的黑褐色斑点，严重时会导致叶片枯黄脱落。预防方法包括清除病叶、保持树冠通风、合理使用农药。

3. 栗蚜

栗蚜是板栗树的主要害虫之一，会吸取树叶的汁液，导致叶片发黄萎缩。防治方法包括及时清除病虫树叶、使用天敌昆虫进行生物防治、合理使用农药。

4. 板栗小食心虫

板栗小食心虫是一种幼虫，寄生在板栗果实内，会导致果肉腐烂，影响产量和品质。防治方法包括定期清理落果、合理使用农药、采取生物控制措施。

第十节　山　楂

一、山楂建园

园地选择干燥、带沙土、通风、阳光好的地块。平整地块，达到"平、齐、无杂草"标准。种植坑规格 1.0 m×0.8 m×0.8 m，坑内施农家肥。3月中旬定植，以树苗未发芽时定植为宜，提高苗木成活率。

二、肥水管理

（一）施肥

新栽植的小苗，株施农家肥 10~15 kg、磷肥 0.5 kg，追肥以尿素为主，株施 200 g。花期追肥以氮肥为主，挖浅坑株施 0.1~0.5 kg。成年结果的山楂树，在春、秋两季并排树行开深沟，株施农家肥 50~100 kg、尿素 0.25~1.00 kg、磷肥 15 kg、钾肥 0.25~2.00 kg。结果期追肥以挂果量而定，株施钾肥 0.85~1.00 kg。除根部施肥外，在开花到果实膨大期喷洒 1~2 次叶面肥，用 0.4%~0.5% 尿素、0.1%~0.2% 磷酸二氢钾混合液喷洒树冠。

（二）灌水

大果山楂灌水每年不少于 4 次。在 3 月底至 4 月初灌第一水，花期灌第二水，以提高坐果率，7 月上旬为果实快速生长期，灌第三水，11 月灌第四水，以利于树木安全越冬。

三、整形修剪

山楂树形一般采用自然开心形，整形修剪时，应少留外围枝，上面重剪，下面轻剪，结果枝及时剪梢。

四、病虫害绿色防控

（一）主要病害

山楂主要病害为炭疽病，可用50%多菌灵粉剂或70%甲基硫菌灵500~1 000倍液喷雾防治。其他常见病害有白粉病、花腐病、叶斑病，可用真菌性农药喷雾防治。

（二）主要虫害

山楂主要虫害为红蜘蛛、黄蜘蛛、象甲和蚜虫，可用洗衣粉15 g、20%烧碱15 mL，兑水7.5 kg混合均匀后喷施。常规杀虫剂可选用90%敌百虫、80%磷胺乳油、50%西维因可湿性粉剂喷雾防治。

第十一节 石 榴

一、石榴的栽植

对于优质无公害石榴的栽培有一定的规范要求，一般栽植密度为2 m×3 m，在土层薄的地块要求开挖0.6 m×0.6 m的定植沟（穴）。回填时，底部要填充大约30 cm厚作物秸秆，作物秸秆要与土充分混合，然后再填入表层土，表层土要需加入适量的钾肥、有机肥并充分混合后再填充到沟穴中。石榴苗的高度一般控制在80~100 cm。栽植无公害石榴时要选好品种，采用合格的苗木，修剪根系并用水浸泡后进行分级栽植。栽植深度以石榴苗出圃时的深度为标准。

二、石榴花果期管理

为了提高石榴的产量，提高坐果率，除按4∶1配置授粉树外，在石榴开花授粉时还可以采用养殖蜜蜂授粉或人工授粉等方式进行授粉，还可采用通用环剥、断根来保证营养供给提高坐果率。为了保证石榴在翌年丰产，提高当年的石榴品质，要对花量较多和坐果较高的果树进行疏花疏果。

三、病虫害绿色防控

石榴最科学的防治方法是生物防治，采用养殖或放养天敌，或保护益虫的方法；也可使用害虫的性外激素诱杀成虫或干扰其交配繁殖等方法进行防治。对受到病虫害为害的枝叶、枯烂树枝等进行清除，最好给果实套袋，能有效减少病虫害的为害，降低化学农药对果实污染，提高果实品质，增加果实商品价值。必要时可使用一些化学药液防治白粉病、炭疽病、蚜虫、介壳虫等。

第十二节　杧　果

一、建园

果园要建立在水源充足的条件，且每天要保证阳光照射的时间，还要做好相关的保护措施，因为春季和冬季阴雨天气较多，对杧果的栽培有不同程度上的影响。建园时，清除干净杂草、树木后进行全垦，充分犁耙、全面垦耕 2 次，犁深 40 cm 使土壤细碎松散，翻晒土地后栽种。

二、打塘及定植

（一）打塘

平地果园宜在打塘定植前把杂草、树木清除干净后进行全垦，使土壤细碎松散。打塘的大小控制在底宽 50 cm×高 60 cm×面宽 70 cm，在种植之前要先施基肥，每塘施用牲畜肥 19 kg、钙镁磷肥 1.5 kg。

（二）种植

在 7 月左右选择阴天或下雨前进行种植。种植密度有株行距 3 m×5 m、4 m×6 m 和 5m×6 m 3 种。

三、幼树整形修剪

要定期并及时修剪杧果树的枝叶。修剪杧果树的长枝、交叉枝、畸形的枝叶等。针对杧果树长得不好、角度不适宜、长势不均的主要骨干枝，可以根据牵引和截枝等方法来正确地调整其位置。

四、施肥

每年 11 月上旬要施花肥。株施氯化钾 480 g、尿素 480 g、钾钙镁磷肥 190 g。对于长势较好、树龄长的杧果树，可以加大施肥量。末花期至谢花时施谢花肥，每株施尿素 150 g 左右，同时还要施 0.3%磷酸二氢钾做为根外肥来促进坐果。当果实横径达到 2.5 cm 时要施壮果肥，每株杧果树要施氯化钾 195 g、尿素 195 g，促进果实发育。采果后施采后肥，每株施 170 g 左右的尿素，对杧果的长势有恢复作用。

五、修剪

针对开花率超过末级梢数 81%的杧果树，要保留末梢生花序 71%的部分，从最底部清除其他花序。长势较好较大的花序要剪除最底部 1/3～1/2 的侧花枝。谢花后到果实发育的阶段中，要切除不结果的花枝和阻碍果实正常生长的枝叶；幼果期生长的春梢和夏梢也要剪除；长势过密的果实要疏果，每穗上最多保留 4 个左右的果实，以减少杧果套袋后的空袋数。修剪后的枝干要及时处理，使用涂抹愈伤防腐膜来促进伤口的愈合，清除过的病虫害也要及时带离果园，保持果园的环境。

六、病虫害绿色防控

（一）病害

杧果经常出现的白粉病和流胶病等真菌性病害，可以采用抗病品种，或除杂草和增强透光度等来减少病菌滋生；药剂防治主要使用 29%氧氯化铜、64%代森锌、71%甲基硫菌灵等杀菌剂。细菌性角斑病一般采用 29%氧氯化铜和农用链霉素等。

（二）虫害

杧果在开花期和幼果期都容易受芒果横线尾夜蛾、短头叶蝉、脊胸天牛等害虫为害，易造成严重的落花落果现象。在花蕾尚未开放之前，可用90%敌百虫800倍液喷杀。

七、采收

一般在七八成熟时即可采摘，选择阳光明媚的上午，露水干后即可采收。天气不好或是雨天都不适合采收。采收时用一果两剪的方法，先剪枝带进行单果实采收，采收好的杧果要轻拿轻放以免果实擦伤，尤其是三年芒。果位较高的可采用带网兜的高枝剪或对果实无机械损伤的长把带兜工具进行采果。

第十三节　草　莓

一、选地建棚、适时定植

（一）选地建棚

及时整地，远离污染水源、工业区，选择平坦、土质疏松、地势高燥的地方，无高大建筑、病虫害，保证交通便利。建设坐北朝南日光温室与南北向拱形塑料棚，确保无高大树木或建筑，选择微酸性沙性土壤，以三层膜与不透明覆盖物覆盖地面。

（二）适时定植

9月前后为定植时间，根系带土移栽，做到随起苗、随移栽，将病苗、弱苗淘汰，使用壮苗，每株苗保留健康叶片3~4片，每畦栽种2行，使用单畦双行三角种植方式，穴距与行距均为20 cm。种植行距离滴灌两侧10 cm，每亩栽种7 000株，草莓苗弓背向外，保证花序能够延伸到沟边，有助于果实着色采收。定植后喷透水，连续3 d于17时浇水，慢慢喷透，避免出现塌陷情况。如若白天气温大于30 ℃，则第二天需要喷雾30 s。移栽苗成活后，前期应当保持土壤湿润，之后则不干不浇。

二、肥水管理

草莓种植需拥有充足营养，基肥多为有机肥，由于其种植密度较大，需在基肥给足量。通常施加鸡粪 30 t/hm²，或优质厩肥 75 t/hm²，适当添加磷钾肥料。有机肥施加时需等其充分腐熟，施肥均匀，追肥遵循少量多次原则。草莓定植后 13 d，施加薄肥 1 次，每亩施加 5 kg 碳铵与 7 kg 豆粕水兑水 300 kg，20 d 后施加 15 kg 复合肥与 7.5 kg 豆粕水兑水 300 kg，注意施肥前做好松土除草工作。

三、花果管理

草莓开花期可在大棚中放养蜜蜂，有助于授粉，同时应当加强温度控制，保证能够让蜜蜂正常活动，或是选择人工辅助授粉。草莓在开花阶段如若喷洒农药，则可能生产畸形果，且对蜜蜂授粉造成影响，开花放蜂阶段尽量不要喷施代森锰锌可湿性粉剂、敌百虫等药剂，如若需要喷药则将蜂箱先挪出大棚，7 d 后再将其挪回大棚。

四、病虫害绿色防控

草莓在生长过程中易发生灰霉病、白粉病等，后期白粉虱、蚜虫、红蜘蛛等病害威胁较为严重。因此，应当落实"预防为主，综合防治"的措施，避免使用高残留、高毒农药，使用有机合成农药，适当喷洒，阴雨天则采取烟雾剂进行治虫防病，通风后无味方可继续农事操作。

第十四节 桑 树

一、种植方法

桑苗种前要用磷肥加黄泥水浆根，目的是提高成活率。坡地与半旱水田平沟种，水田起畦种，因畦面规格方法拉线种植，种后回土达到青茎部，踏实后淋足水。

二、后期施肥和除草

第一次施肥的时间最好是在新梢长到 3 cm 时，每 0.06 hm² 施粪水混尿素 4 kg 左右。第二次肥是长到 5 cm 时，每 0.06 hm² 施复合肥 20 kg 混农家肥 400 kg 左右，再加尿素 10 kg。1 个月左右，进行第三次施肥，每 0.06 hm² 施尿素 20 kg 混生物有机肥 50 kg。

三、繁衍桑枝

(一) 枝条的选择和种植方法

在腊月选择成熟的枝条种植，近根 1m 左右，为提高成活率，水平法和垂直法都可以。水平法是新技术，适宜无种子的良种，平整土地后，沟开 1.5 cm 深，随之把剪成约 0.2m 长的枝条平摆 2 条，回土约 0.8 cm，轻压后再淋水，盖薄膜出芽后再拿掉薄膜。垂直法是把桑枝剪成 3~4 个 5 cm 长的枝条，开好沟后把枝条垂直摆好回土埋住枝条，轧实泥再淋水，用薄膜覆盖，待出芽后去掉薄膜。

(二) 种植后管理

芽长到 5 cm 后，要及时除草，每 0.06hm² 施尿素 7.5 kg 混农家肥 175 kg。1 个月左右时，要进行除虫。

四、肥水管理

冬施基肥，重施春芽肥。一年四季都要合理施肥。

施肥方法主要是沟施，施后及时盖土，干旱季节施肥后要灌水。追施磷酸二氢钾、叶面宝、喷施宝等叶面肥，对增产桑叶或提高叶质有一定效果，叶面肥一般在桑树生产阶段养蚕用叶前 15 d 以上使用。

五、病虫害绿色防控

(一) 农业防治

1. 选择桑树品种

新建桑园选用优质高产抗病虫桑树品种，减少桑树病虫的发生。

2. 控制土壤湿度

低洼桑园应降低地下水位，注意高厢深沟，排水降湿，可降低蜗牛、桑里白粉病、桑白蚧、桑紫纹羽病、桑根腐病、桑褐斑病、桑赤锈病、桑粉虱等喜湿病虫的发生。长时间干旱，及时做好桑园灌溉，可减轻桑叶螨、桑蓟马为害。

3. 增施有机肥料

增加桑园有机肥使用，合理搭配氮磷钾肥，桑树树势健壮，枝条粗壮结实，提高抗病虫能力。

4. 合理密植采摘

桑园合理密植，保证亩桑万米条长。桑树发芽时及时疏芽，每个拳部留 2～3 个健壮芽形成枝条，采叶时适时疏采下部叶片和细弱枝条，增加桑园的透光度，可降低桑瘿蚊、桑叶螨、桑蓟马等害虫为害；早秋及时疏采中下部尚未硬化的桑叶养蚕，提高桑叶利用率，可减轻褐斑病、桑里白粉病的发生。

5. 实行冬夏轮伐

调整养蚕布局，合理分片实行夏伐与冬伐轮伐，可提早养蚕时间，抑制病虫为害。夏伐桑树产叶量高，桑叶成熟早、硬化迟，可抑制桑褐斑病、桑里白粉病、桑污叶病、桑螟、桑毛虫、桑尺蠖、桑介壳虫等病虫发生。对于桑花叶萎缩病，冬伐时剪留下半年生长的枝条长 30～50 cm，可增强树体抗病能力，抑制萎缩病发生。桑赤锈病多发年份，采取彻底夏伐，可减少侵染和发病。

6. 桑园清洁冬管

日常清除桑园杂草,可避免往返于桑园、杂草之间的害虫如金龟子等为害。夏伐和冬伐剪下的桑枝及时清出桑园,冬耕前严格清洁桑园,修去死拳、枯枝、枯桩、病虫枝,清除落叶和杂草,带出桑园销毁,可消灭大量潜藏在其中越冬的桑毛虫、桑螟、桑蓟马、桑象虫、桑叶螨等害虫及桑褐斑病、桑污叶病等病原菌;结合冬季施肥进行冬耕翻晒,可杀死绝大部分越冬或化蛹害虫,降低病虫基数,有效减轻翌年病虫为害。

7. 合理布局套种

桑树病原除侵染桑树外,还可侵染其他作物。新建桑园、桑园间套种应兼顾当地病虫害发生特点,避免种植易感染作物。

8. 挖除病株轮作

桑园中部分桑树发生桑萎缩病、桑青枯病和桑根腐病等情况,应全园逐株检查,及时挖除病株,集中烧毁,对病穴及周围土壤用含1%有效氯的漂白粉液消毒。病害严重的桑园,应挖除病株,拾净病根,土壤消毒,休耕或轮作。通常桑紫纹羽病发生地块轮作水稻、麦类、玉米等禾本科作物,3~5年后再种桑树;桑根结线虫病发生地块轮作水稻、玉米等作物,3~4年再种桑树。

(二) 物理防治

1. 人工灭杀

利用桑毛虫幼虫、桑叶螨幼螨喜群集特性,人工采摘虫叶集中销毁。桑尺蠖在2—3月数量较少时人工捕捉。桑天牛在成虫出现期人工捕杀,卵期刮除产卵巢,幼虫为害期通过铁丝钩杀幼虫。桑褐斑病、桑里白粉病、桑疫病等病害,发病初期及时人工摘除"发病中心"病叶,控制病原扩散。晚秋蚕饲养期间,将稻草或杂草捆扎成小把,置于桑树树杈处,诱集桑毛虫、桑尺蠖、桑螟、桑蓟马等害虫潜入越冬，到翌年初害虫活动前取下束草集中烧毁，可有效降低越冬害虫基数。桑膏药病、介壳虫可用抹、刷、刮等方法控制为害。

2. 灯光诱杀

利用害虫趋光性诱杀害虫是重要的生态防控技术。3 月初按每公顷（100 m 间距）安装 1 盏频振式杀虫灯，从 3—10 月每晚定时开灯，可诱杀桑螟、桑毛虫、桑尺蠖、野蚕、红腹灯蛾、金龟子、象甲、叶甲等，开灯时间为 20 时 30 分至 23 时，各园区可根据害虫发生情况适当调整，既有效杀灭害虫又保护天敌昆虫，每 10 d 清除虫袋和罩网 1 次。

3. 色板诱杀

从 3 月初开始，按 5 m×6 m 的间距安插黄板，诱杀粉虱、蓟马等小型害虫，定期检查粘虫效果，及时更换黄板。在蚕房四周桑园安放黄板，诱捕麻蝇，可减轻家蚕蝇蛆病发生。

4. 食诱诱杀

利用桑螟、桑毛虫、桑尺蠖等蛾类成虫期的趋食性，将红糖、酒、醋、水按 1 : 1 : 2 : 6 比例制成糖醋液，分装在废罐头瓶、饮料瓶等开口容器中，挂于桑树上诱杀。专用食诱剂诱杀桑螟，以春、夏蚕期为重点，在高峰期连续多次使用，可控制和压低桑螟的虫口基数。

（三）生物防治

性诱防控。目前技术较成熟且效果较好的是性诱剂防控桑螟。成片桑园挂放桑螟性诱捕器，释放雌性诱激素，诱杀桑螟雄成虫，降低成虫交配产卵机会，减少受精卵发生，达到控制桑螟为害桑叶目的。同时，桑螟性诱剂只诱杀桑螟，对生态环境不造成破坏，是绿色有效防控技术。

（四）化学防治

1. 春季防治

桑树萌发后到燕口期，桑红蜘蛛、桑粉虱、桑蓟马、象虫类（桑大象虫、桑象虫、桑小灰象、蒙古灰象等）、鳞翅目昆虫（桑螟、桑毛虫、桑野蚕、桑尺蠖等）常见害虫开始活动，有向新芽新梢聚集的特性，在燕口期至不超过 5 片叶时，使用77.5%敌敌畏乳油 1 000 倍液（残效期 5~7 d，稚蚕延长）或者90%晶体敌百虫 1 000~1 500 倍液（残效期 15 d，稚蚕延长）+73%炔螨特 2 000~3 000 倍液（残效期 5~7 d，稚蚕延长）防治上述害虫。此时用药量少，劳动投入少，效果最佳，可把第一代虫原总基数控制在较低限，降低夏秋虫害防治压力。

2. 夏秋季防治

夏秋季（春蚕结束到桑树开始落叶）连续多次养蚕，桑病虫繁殖快数量多，用叶量大，桑园治虫与桑叶养蚕矛盾突出。为保证夏秋桑叶质量和养蚕安全，防治措施应根据养蚕布局安排，选用高效、残毒期短的农药，严格划片防治，养蚕前采叶试喂，防止家蚕农药中毒。

3. 冬季防治

秋蚕上蔟后桑树落叶前，害虫尚未冬眠时，用菊酯类农药（残效期 90 d 以上）全面封园治虫，可减少桑螟、桑毛虫、桑尺蠖等越冬虫口数，降低翌年桑园病虫害发生率。时间在 11 月上旬完成，越早越好，重点喷洒桑树树干、枝条、桑拳及地面等，不留死角，提高防效。

石硫合剂对桑园越冬病虫害有广谱杀灭效果。在冬季桑树休眠后桑园喷施 4~5 波美度石硫合剂可杀灭部分越冬病虫。石硫合剂+20%石灰浆刷白桑树主干，在桑树上形成保护壳，可封杀在树干缝隙中越冬害虫，也可防治桑白蚧。介壳虫发生严重桑园，可先人工刮刷主干越冬成虫，再用石硫合剂加石灰浆刷白，彻底清理越冬桑白蚧。

第十五节　油　茶

一、造林地的选择

在进行油茶树种植前，造林地的选择至关重要，直接影响后期油茶树的生长及产量。油茶树属于喜酸性的树种，大多数生长在 pH 值 5.0~6.5 的土壤中。

二、油茶苗木的选择

油茶树对于苗木的选择十分重要，想要生产出质量优等、产量高的油茶，一定要选择优良的品种，在造林的过程中严格挑选，选择生长健壮、无损伤、没有受到病虫害的油茶树苗进行种植。种植过程中要注意幼苗的繁殖，通过无性繁殖的方法可以保留油茶幼苗的优良品性，确保幼苗的质量，有效提高油茶的生产质量。

三、修剪

在幼苗生长的过程中，修剪主枝或其他主干上所生长出来的枝干，剪掉那些无用和过密的枝干，保证能够让主枝干有效生长，避免因枝干过密而导致主干的营养被抢走，得不到很好的生长。

四、施肥

油茶的施肥主要以氮肥为主，结合磷、钾肥使用，随着树苗的长大，施肥的量由少到多，逐步提高。在栽植地当年可以不用对油茶树苗进行施肥，但从翌年起，在新芽生长初期要快速施入氮肥，给树苗生长提供营养。并且考虑到油茶的养分吸收情况，追肥的时间尽量控制在 3 月初，每株油茶的施肥量为 0.25~0.5 kg。施肥方式则选择在植株树蔸旁 30 cm 处挖 20 cm 深的穴。施肥的时候要结合栽植树苗的具体生长情况，选择合适的施肥方案，促进油茶树苗的快速生长。

五、病虫害绿色防控

（一）茶炭疽病

有病害的树枝要及时修剪，被感染的枝叶要集中进行高温处理，感染的果实及时摘除，避免更大面积的感染，患病的油茶树直接砍除，并做好土壤的消毒工作。在预防茶炭疽病时可以喷洒化学药剂，例如多菌灵或波尔多液，喷洒时要注意药剂不宜过浓，不然会损伤树苗。

（二）油茶软腐病

软腐病在阴冷潮湿的环境中更容易感染，所以在油茶林的防护工作中可以修剪树枝，增强林间的通风和采光，能够有效抑制软腐病病菌的产生。面对感染的油茶树，可以喷洒浓度50%的可湿性退菌特溶液或者喷洒浓度1%波尔多液，有效治疗感染软腐病的油茶树。

（三）油茶树的虫害

油茶树的虫害主要有天牛、茶毒蛾和油茶尺蠖，面对这些害虫，种植人员可以采取人工铲除的方式进行处理，通过人工铲除幼虫，或对林地中的害虫进行捕捉，减少油茶树受害虫伤害的情况，或者可以采用喷洒药剂进行杀虫。

第十六节　茶　叶

一、土壤和地形选择

土壤为茶叶的生长创设了良好的环境氛围，也提供了充足的养分。因此，在选择种植区域时，应优先考虑土层深厚、质地疏松、保水性好、有机质含量高等特点的区域。而在地形选择上，则需要考虑光照、水源、交通等因素。因境内多为丘陵山地，不适宜大规模机械化作业，且茶园大多集中在山坡地带，因此大多采取人工种植方式。在种植之前深耕土壤，提高土壤的含氧量，增强土壤的通气透水性。

二、茶叶种植以及管理

茶叶种植和管理主要包括定植、幼苗管理和茶树修剪三部分。定植环节需要选取合适的季节，一般在早春或者晚秋季节。茶叶种植的方式多是单行单株和双行单株，单行单株茶树和茶树之间的距离要控制在 30~40 cm。双行单株时茶树和茶树之间的行距要在 30 cm 左右。在种植过程中，还需注意保护周围植被，避免破坏原有地貌。在定植完成后，需要浇足定根水，并覆盖一层稻草或者薄膜保湿。在移栽后的第二天，需要检查是否存在漏蔸现象，发现问题及时补苗。对于茶树的修剪工作，主要分为冬季修剪和夏季修剪两部分。冬季修剪主要针对老叶和病虫叶进行处理，将过长的叶片和枯死枝条剪去，保留健壮的嫩叶。夏季修剪则主要针对过于密集的叶子进行打薄处理，去除重叠的叶子和病弱枝叶。在修剪过程中，一定要遵循"留壮去弱"的原则，避免过度伤害树体。

三、施肥

定期给茶树施肥，满足茶树各个阶段的生长发育所需。当地一般采用有机肥料为主，在施用前，需要充分发酵腐熟，否则易导致烧苗现象。茶农可以把肥料混合在一起，这样既方便又节省成本。在施放基肥时，应挖穴或者环状沟，深度控制在 8 cm 左右。

四、病虫害绿色防控

（一）炭疽病

首先，加强园区卫生管理，及时清除杂草、落叶等杂物，改善园内通风透光条件。其次，在茶树萌芽前进行喷药预防，可选用波尔多液、石硫合剂等药剂。如 50%退菌特可湿性粉剂稀释喷洒，每隔 7~10 d 使用 1 次，连续用药两次。一旦发现感染病叶，应立即摘除销毁，以免传染其他健康茶树。

（二）小绿叶蝉

可在琥珀色和黄绿色纸板上涂上机油和触杀性杀虫剂制成毒纸板，高于茶丛挂于茶园内进行诱杀。使用药剂防治时应选用高效、低毒、无残留、无出口限制的农药，当夏茶百叶虫量达6头或秋茶百叶虫量达12头以上时应进行全园防治，未达防治指标的可酌情挑治，并注意保护天敌和用药安全间隔期。

第十七节　蓝　莓

一、土壤条件

最适土壤pH值4.5~4.8，有机质含量8%~12%，要求土壤疏松，通气良好，湿润但不积水。高丛、矮丛要求pH值为4~5.2；兔眼要求pH值为5.5以下。土壤pH值过高，常造成缺铁失绿，生长不良，产量降低甚至植株病死，是限制蓝莓栽培的一个重要因素。

调节土壤pH值可用硫黄粉或硫酸铝，在定植前1年或至少定植当年进行（4个月以上才能起作用），硫黄粉均匀撒入土壤，深翻15 cm混匀。

二、秋栽成活率高

兔眼蓝莓株行距常用2 m×2 m或1.5 m×3 m；高丛蓝莓1.2 m×2 m；矮丛蓝莓（0.5~1）m×1 m。

兔眼蓝莓自花不实，授粉树配置可选用高丛蓝莓品种，可提高果实品质和产量，按主栽品种与授粉品种1：1或1：2比例配制。

三、土壤管理

蓝莓根系分布较浅，纤细，没有根毛，松土深度5~10 cm为宜。入秋后不宜松土影响越冬，可在行间适当留草有利产量提高，也可保持土壤湿度。

（一）缺素调节

缺铁失绿可施用酸性肥料硫酸铵，结合土壤改良加入酸性草炭，叶面喷施 0.1%~0.3% 螯合铁效果较好。缺镁表现为浆果成熟期叶缘和叶脉间失绿，失绿部位变黄至红色，可施用氧化镁来调节。缺硼表现为芽萌发后几周顶芽枯萎，变暗棕色至顶端枯死，充分灌水，叶面喷施 0.3%~0.5% 硼砂溶液即可调节。

（二）肥料施用

以追肥为主。蓝莓嫌钙、忌氯、寡营养，施肥特别要防止过量产生肥害，过量施肥极易造成树体伤害甚至整株死亡，应视土壤肥力及树体营养状况而定。施肥以氮磷钾肥为主，看植株生长势酌情调节，对铵态氮有较强的吸收能力，施用硫酸铵等铵态氮肥或完全肥料能提高产量。土壤有机质含量高时氮肥用量减少，氮磷钾以 1 : 2 : 3 为宜；矿质土壤磷钾含量高，氮磷钾以 1 : 1 : 1 或 2 : 1 : 1 为宜。

宜早春萌芽前、浆果转熟期施肥 2 次。高丛蓝莓和兔眼蓝莓采用沟施，深度以 10~15 cm 为宜；矮丛蓝莓成园连片后以撒施为主。

四、病虫害防治

蓝莓主要病虫害有灰霉病、叶枯病、叶片失绿症、刺蛾、金龟子及其幼虫蛴螬、蛀干天牛、白蚁、果蝇等。

（1）物理防治。利用害虫趋光性，使用频振式杀虫灯或黑光灯等诱杀害虫。利用害虫趋化性，配制含杀虫剂的糖醋液诱杀害虫。对发生量大、分布集中或具有假死性的害虫采用人工捕杀。

（2）生物防治。保护利用当地有益生物，合理使用生物制剂防治虫害。

（3）化学防治。虫害严重而其他措施不能控制时，宜选用高效、低毒、低残留生物源农药化学防治。花期、幼果期、采收期内不喷施化学药剂。

第六章　食用菌绿色生态种植技术

第一节　平　菇

一、培养料配方

培养料配方有两种：①棉籽壳96%，石灰4%；②棉籽壳66%，棉秸30%，石灰4%。

二、栽培形式

无极冬季生产多采用简易的日光温室进行栽培，后墙挖通气孔。采光面加盖塑料薄膜并加盖草苫保温。一般要求温室高2.2~2.5 m，南北跨度6~7 m。

三、栽培季节

一般10月初至11月上旬装袋，12月至翌年4月出菇，出菇期长达4~5个月。

四、装袋

平菇栽培生产上装袋多采用直径为22~25 cm的聚乙烯袋，长度为50~55 cm。把按比例混合均匀的培养料松紧适度地均匀装入栽培袋中，一层菌种一层料，一般装3层菌种2层料或4层菌种3层料。菌种量为栽培料的16%~25%。装好料后呈"井"字形均匀摆放在日光温室中。

五、发菌时期的管理

温度一般控制在14~18 ℃，宜低不宜高，空气湿度控制在40%左右，不见光或只见弱光。4~5 d倒1次栽培袋，位置上下倒换，及时观察菌丝生长情况。一般温度适宜经过30~35 d

菌丝即可长满栽培袋，进入出菇阶段管理。

六、出菇期管理

栽培袋发满后要及时上跺，一般跺间距 1.0 m，跺高 5~6 层栽培袋。出菇前要在栽培袋两端用直径为 0.8~1.0 cm 的木棍或铁棍扎一小孔作为出菇孔。

在菇棚内喷水，提高空气湿度到 80% 以上，创造适宜的环境，促进平菇出菇。一般昼夜温差越大越有利于菇蕾的形成，经过 5~7 d，平菇的菇蕾即可形成，此时要加大放风量，以减少畸形菇的形成，温度控制在 22 ℃ 以下。这样经过 7 d 左右，平菇菌盖充分伸长即可采摘上市。

七、病虫害绿色防控

平菇栽培发菌时期主要的病虫害为青霉菌和毛霉菌的感染，生产上通过控制较低的环境温度和提高栽培料的 pH 值来防治。出菇期的病虫害主要有细菌感染和菇蝇为害。有细菌为害时一要尽量控制较低的出菇温度，二要选择洁净的水源。菇蝇可用物理等方法进行预防，还可以用药剂熏蒸。

八、适时采收

当平菇菌盖基本展开，颜色由深灰色变为淡灰色或灰白色，孢子即将弹射时是平菇的最佳采收期。采大朵留小朵，一般播种 1 次可采收 3~4 批菇。每批采收后，将床面残留的死菇、菌柄清理干净，盖上薄膜，停止喷水 4~5 d，保持料面潮湿，大约经过 10 d，料面再度长出菌蕾。

第二节 黑木耳

一、栽培料配方

主要栽培料的配方：木屑培养基，阔叶树木屑 78%，麦麸或米糠 20%，糖 1%，石膏 1%，含水量 58%±2%；木屑棉籽壳培养基，阔叶树木屑 63%，棉籽壳 15%，麸皮 20%，糖 1%，石膏 1%，含水量 58%±2%；棉籽壳培养基，棉籽壳 79%，麦麸 20%，石膏 1%，含水量 58%±2%。栽培料的配方应该因地制宜，选择当地盛产的原辅料。

二、接种与发菌管理

取一原种，将上表面的原接种块及气生菌丝或表面老化菌皮抠除，将原种捣碎，用接种钩迅速钩取适量菌种放入栽培袋中，菌种量约为可以将接种口填满为止。

一瓶原种一般可接 50 袋左右。发菌室要求卫生清洁，干燥，遮阴，通风良好，每季发菌前最好用高锰酸钾和甲醛彻底熏蒸。栽培袋的码放采用接种口朝上的方式，层数不应过高，一般为 2~3 层，菌袋以直立培养为最佳。

三、划口与催芽

黑木耳完成后熟后，为整齐快速出耳，生产中多进行催芽。经过后熟后的菌袋，采用专用工具或机器划口，以"V"形口和圆形口为主，"V"形口边长 2~2.5 cm，深度 0.5 cm，呈"品"字形分布。出耳场地要求地势平坦，排水好，有良好的水源，通风好，便于管理。畦宽 1.0~1.2 cm，畦间距为 30~50 cm，长度不限，床面平整，保证不积水。将床面上的杂草等清除干净，浇透水，均匀撒上生石灰，还可铺上地膜或纤维袋子等。对划口的栽培袋进行集中催耳。用塑料绳将颈圈下部扎紧，然后将菌袋隔畦密排于催耳床内，袋距 2~3 cm，事先浇足水，盖上消毒湿草帘和塑料膜催耳 7~10d。

四、水分管理

遵循的原则是通过间歇喷雾进行"见干见湿，干湿交替"管理，并根据天气状况灵活控制。浇水要浇透，干就干透，否则影响木耳正常生长。随着耳片渐渐长大，应逐渐加大喷水量。

五、病虫害绿色防控

黑木耳生长过程容易受到褐斑病、炭疽病、白粉病等真菌病害的侵害，会导致黑木耳变软、变色、变异甚至死亡。黑木耳还容易受到青枯病、软腐病等细菌病害的侵害，会导致黑木耳变软、水分流失和品质下降等。蚜虫、飞虱、蛀虫等昆虫会进入黑木耳内部，破坏黑木耳的结构和发育，从而影响产量和品质。防治上述病虫害，应合理使用农药、清除病虫害源，选择抗病虫害品种、加强管理等，同时，定期进行检查和监测。

六、适时采收

当耳片充分展开，边缘起皱变薄变软，色泽变淡，耳根收缩或部分耳片腹部出现白色粉状物（孢子粉）时，要及时采收。晚采影响产量和质量，遇到高温高湿还会导致烂耳或流耳。采耳前 1~2 d 停止喷水，让阳光直射，使耳片稍干，最好选择晴天采收，以利晒耳。目前，黑木耳采收后主要自然晾晒干制，成本低，简便易行。生产中多采用摊地铺膜晾晒、网架晾晒和简易覆盖网架晾晒 3 种方法。

第三节　金针菇

一、选择栽培品种

优良的栽培品种是高产的基础。近年来，市场上金针菇的品种越来越多，选择时应结合当地温度和湿度条件综合考虑，以选择合适的高产品种。

二、配制高产原料

据研究，最适合金针菇生长的培养基原料：棉渣 65%、麦秸 20%、麦麸 10%，磷酸二氢钾 1%、尿素 0.5%、糖 1%、石膏 1%及石灰 1.5%，料和水的比例是 1∶1.4。

三、装袋灭菌

采用效果较好的塑料袋栽培来培养金针菇。将各种原料混合均匀，含水量提高至 65%，含水量的标准以用手捏料时有水滴渗出但不形成水流为佳。将原料装入塑料袋中，高度为12 cm。应注意的是，装料不应过虚或者过实，用力应均匀。装完袋后将原料表面压平，上端留出20 cm的空隙，促进子实体生长。为了使菌龄一致、快速出菇，在料中央扎孔到料底，再用无棉盖体封口后进行灭菌。装袋过程中最好不要损坏塑料袋，如果损坏，可以用胶带修补。

为确保培养原料的灭菌均匀而彻底，应严格按照灭菌温度和时间操作。将原料混合装袋放入消毒室，温度上升到100 ℃灭菌14 h后，再密封6 h后出仓。

四、接种

原料袋灭菌后转移到棚中冷却，至30 ℃左右时开始接种。接种可选用无菌接种桶，并且接种过程应严格控制环境，保证无菌。接种后将袋口扎紧，防止杂菌污染。无菌接种桶的操作简单、成本不高，有利于多人操作，接种的效率高、质量好。

五、发菌期管理

发菌期应当加强管理，以避免出现问题。首先是生长环境，棚内的清洁、通风与干燥是基础。针对发菌期常出现的菌种不萌发，或者萌发后菌丝萎缩、生长缓慢等问题，应该控制合适的温度和湿度。一般最适温度为23 ℃，最适湿度为65%。当培养后的菌丝长满全袋时，应及时将袋口打开，有利于子实体的形成，但应注意防止培养基表面失水，可以采用向棚内喷水或者用报纸或布盖在袋口的方式，保障菇蕾正常形成。

六、出菇管理

金针菇袋打开后，棚内需要增加一定量的光照，但要避免阳光直射。温度和湿度分别为7~18 ℃、85%~95%，可采用向报纸上喷水的方式保持湿度。3~5 d后会出现菇蕾。所以喷水时要避免把水喷在菇蕾上，造成菇蕾腐烂。经过10~15 d的管理，菌柄即可长出袋口，待其长至15~20 cm时即可采收。

七、病虫害绿色防控

金针菇病虫害包括灰霉病、菌核病、炭疽病等病害，蚜虫、白粉虱等虫害。要及时清洁金针菇的生长环境，防止病虫的滋生；对死亡或受到病害的金针菇及时处理，清除病菌、病虫的滋生源；药剂防治时，要遵守相关安全规定，确保金针菇品质和安全。

八、适时采收

把握采收适期，即成熟时菌盖开始扩展但菌盖未上卷。菌盖上卷表明成熟过度，影响品质。采收后剪去菌柄基部附着的培养基料，将金针菇装入塑料袋中密封，以便于保存和销售。

第四节 香 菇

一、菌种选择

选择中低温型香菇品种，如申香 215、808 等，要求菌种种性纯、无杂菌、菌丝生长健壮、无害虫。

二、原料配方

通常使用袋料进行香菇栽培，也就是采用棉籽壳、木屑等菌棒栽培香菇。袋料配方为 1%石膏、20%麦麸、50%多菌灵可湿性粉剂 0.1%、79%杨木屑。木屑作为香菇菌丝的重要碳源物质，最好选择半年以上的陈木屑；石膏粉不仅能使培养料酸化过程延缓，又能提供钙素；麦麸作为香菇的重要供氮物质，必须无虫蛀、无霉变、新鲜；使用多菌灵进行消毒，能使培养料中的病原菌有效减少。

三、菌袋生产

（一）配料

根据培养料配比，先拌匀木屑、石膏粉和麸皮，把糖溶到水中，然后边加水边翻拌，拌至无成团结块即可，含水量为 55%。换而言之，就是用手将料捏成团，触之即散，指缝略有水滴。

（二）装袋

使用 15 cm×55 cm 聚丙烯或聚乙烯折角袋，装袋机装料的时候，一定要松紧适度，用手抓袋时不能出现凹陷，每袋湿重 1 800~2 000 g，在扎袋的时候，先直扎扎口，然后折转继续扎，料袋扎好后，摆放到铺有塑料皮等物的地面上，以免出现微孔污染，应在拌料结束 6 h 内完成整个装袋过程。

（三）灭菌

当前常用的两种灭菌方式为高压灭菌和常压灭菌。高压灭菌是利用高压灭菌锅，在 125 ℃ 温度、0.15 MPa 压强下进行 4 h 的灭菌；常压灭菌，则是将温度在 4 h 内升到 100 ℃，保持这一温度 16~18 h。

（四）冷却

结束灭菌后，高压灭菌须等到压力降为 0 时，才可将锅门打开，而常压灭菌当温度降到 70 ℃ 以下即可将锅门打开。工厂化生产，就要将冷却室一侧的锅门打开，移动菌袋到洁净的冷却室，再自然冷却到 50 ℃，再向强冷间进行移动。

四、发菌管理

完成接种后，要避光发菌将菌袋移到培养室。堆放菌袋时呈"井"字形，堆叠 3~6 层为宜，空气湿度控制在 60% ~ 70%，温度控制在 18~24 ℃。通常菌袋发菌成熟需要用时 60~80 d，在这期间要注意翻堆，一般 3~4 次即可。

五、病虫害绿色防控

（1）合理布局设施，防止病虫交叉感染。
（2）选用优质材料，消除病虫源。
（3）选育高抗品种，弱化病虫的竞争优势。
（4）规范生产操作，切断病虫的传播途径。

六、适时采收

转色完成之后，菌袋就迈入出菇的管理阶段。当香菇的伞盖直径达到 4~6 cm，并且不开伞就可进行采收。香菇采收的最佳时期就是不开伞时，这时候的香菇具有较高的商业价值，品质最好。同时，在进行采收的时候应注意手法，为了避免根部出现霉变给菌袋形成感染，要从菌袋上摘下香菇根部。

第五节　双孢菇

一、培养料准备和配方

双孢菇属草腐性真菌，栽培所需要的培养料主料有稻（麦）等禾本科作物秸秆及牛粪、猪粪等畜禽粪便，辅料有石膏、石灰、尿素等，这些原料必须在每年 8 月前准备好。猪、牛粪最好在冬季积存，因为这段时间喂的精料多，粪的质量好。要求粪晒得干，细碎无杂质，麦草新鲜未淋过雨。这些原料必须科学合理搭配。堆制发酵前所需 C/N 比应控制在（31~33）：1，堆制发酵后，C/N 比应控制在（17~18）：1。以下是科学合理的培养料配方之一：干麦草 50%、干牛粪 45%、石膏 1%、石灰 2%、过磷酸钙 1%、硫酸铵 0.5%、尿素 0.5%。

二、培养料堆制发酵

培养料发酵过程的建堆是费工费时的生产过程。在目前农村劳动力资源比较紧缺的情况下，建堆和翻堆可采用机械操作，大大减少了用工量，同时节省了劳动时间，使双孢菇栽培向机械化、现代化迈进了一步，大大提高了生产效率。同时改变传统的一次发酵技术，推广应用二次发酵技术，即培养料前发酵阶段和培养料进房后二次发酵阶段。

二次发酵技术的应用，使培养料充分腐熟，更好地改善了培养料的理化性状，为双孢菇生产的优质、高效提供了有利条件。

三、覆土

根据生产实践，40%麦田土+50%塘泥土+8%新鲜谷壳+2%石灰作覆土材料比较理想。覆土中加入谷壳，不仅增加了覆土层的空隙度，增强了覆上层的透气性，而且增强了覆土层的持水力，为双孢菇生长提供有利条件。同时覆土层石灰的加入，可提高覆土层的 pH 值，抑制杂菌的感染，又可提高双孢菇的品质。

当培养料内菌丝大部分长到料底时，方可覆土。若遇到26 ℃以上高温，应推迟覆土。覆土前，要整理床面，主要是检查螨类及氯霉菌块等，一旦发现，应立即采取措施，将其彻底清除在覆土前。还要检查培养料含水量，如过干，要在覆土前2~3 d，喷 pH 值 8 左右的石灰清水。覆土前还要采取一次全面的"搔菌"措施。即用手将料面轻轻搔动，拉平，用木板将培养料轻轻拍平，可以使料面的菌丝受到破坏，断裂成更多的菌丝段，调水后菌丝纷纷恢复生长，往料内和土层生长的绒毛菌丝更多、更旺盛。

四、出菇管理

出菇管理工作重点是正确处理喷水、通气、保湿三者关系。既要多出菇，出好菇，又要保护好菌丝，促进菌丝前期旺盛，中期有劲，后期不早衰，达到高产、优质目标。

当子实体原基达到黄豆大小时，开始给菇床大量喷水。

保证菇房的空气湿度在 85%~90%，菇量多要多喷，菇量少要少喷；以间歇喷水为主，以轻喷勤喷为辅；晴天多喷，阴天少喷；采收前 1 d 不宜喷水，以免影响下批菇的正常生长。喷水以每天早晚温度较低时进行。不喷关门水，喷水前和喷水后应打开门窗通气 30 min 以上，通气结束后，应紧闭门窗，但必须打开房顶部分通气窗通气，菇房内空气以人感觉不闷为宜。

五、病虫害绿色防控

（1）农业防治。选用抗性强的优良品种。

（2）物理防治。栽培场地通风口及门窗均需要安装 60~80 目的防虫网。要用日光暴晒、高温闷棚、杀虫灯诱杀、粘虫板诱杀等措施。

（3）生物防治。发病后采用高效低毒、低残留的绿色生物农药。

六、适时采收

在子实体的菌盖长到直径 3~5 cm 但尚未开伞时，即可采收。采收时不要损伤料面，不要碰伤周围的小幼菇和菌丝，用拇指、食指和中指捏住菌盖，轻轻扭下。每次采收后，过几天又可出第二茬菇，一般可采收 6~9 茬菇。

第六节　羊肚菌

一、搭建栽培棚

（一）选地

所选田地需要满足地势平坦、土质疏松、靠近水源以及能排能灌等基本特征，同时，所选田地还应该远离大规模牲畜养殖区，且以适宜农作物生长为佳。

（二）整地

首先需要全面清理地面，清除其中的杂草、遗留农作物以及废弃物等，在正式翻耕前，还需要向田地播撒一定量的生石灰来调节土壤 pH 值。通常情况下，每亩的生石灰量为 50~75 kg，遇到田地长时间没有进行耕作的情况，则需要适当增加生石灰的用量，但不能超过 100 kg。随后需要借助家用翻耕机以及大型旋耕机进行深耕，耕作深度为 25~30 cm。需要以 0.8~1.5 m 的厢面宽度开沟，以便于排水以及操作走道，开沟宽度与深度分别控制在 0.2~0.3 m 与 0.2~0.25 m。

（三）搭建遮阳棚

在对田地进行一定处理后，需要进行后续的拱棚搭建工作，在棚的最高位置以及两侧加固钢管，其中，钢管安装的方向与田地长轴方向相一致。然后在棚体表面覆盖一定规格的遮阳网，一般都会使用加密 4~6 针的规格，同时需要在棚体两侧分别预留一定的位置，用泥块压紧固定，棚体的首尾两端还应该预留出入洞口。最后需要借助绳子或者铁丝，将遮阳网顺着弯管的走向固定在棚架上。

为了顺利开展后续水分管理工作，需要在合适的位置安装微喷设施，沿着棚顶层和两侧的加固横管走向，安装耐高压水管与雾化喷头，实际安装密度需要根据水压以及雾化面积而定。

二、播种

（一）菌种预处理

从培养的羊肚菌栽培种中挑选出品质优良的菌种，将其剥去袋膜并捏碎得到菌种碎块，然后向其中添加适量的 0.1%~0.5%磷酸二氢钾溶液，搅拌拌匀，然后需要对其进行预湿处理，使含水量达到65%~70%。

（二）播种

将预湿处理完毕且达到标准的菌种播撒在整理完毕的厢面上，标准为每亩的菌种干重为 150 kg，然后用钉耙在厢面上抖土 10~15 cm，实现菌种与土壤的充分混合，确保绝大部分的菌种被土壤包裹。

（三）覆膜

播种完毕以后，棚内需要根据厢宽选择一定厚度的白色农用地膜，在覆盖过程中要拉紧地膜，使其紧扣在厢面上方，并在地膜边缘每隔 0.5 m 放置一个小土块，达到保温、通气以及保湿的目的，同时还可以有效抵挡外界环境的干扰，例如抵御连续阴雨天气等。另外，还可以选用小拱膜来达到保温、保湿以及通风的效果。

三、发菌管理

（一）温度管理

羊肚菌的最佳生长温度为 16~18 ℃，当温度低于 10 ℃时，会明显限制菌丝的生长速度。在一定范围内，菌丝的生长速度随温度的升高而加快，当温度超过 25 ℃时，虽然其生长速度实现了大幅提升，但在此情况下，其营养供给的速度无法支撑其生长需求，从而会出现菌丝纤细无力等不良现象。因此，在菌种培养以及出菇等阶段，都需要严格控制环境温度。

（二）湿度管理

湿度管理主要包含两部分，即土壤含水量以及空气相对湿度，土壤的透气性是影响其含水量的重要因素，水分是菌丝生长的必要条件，但当土壤含水量过高时，反而会对土壤的透气性造成不良影响，进而导致土壤含氧量不足，不利于菌丝的正常生长与发育。在大田栽培羊肚菌的过程中，需要将土壤含水量控制在 15%~25%；在原基发育等特殊阶段，对水分有着特殊要求，此时需要将土壤含水量维持在 20%~30%；在子实体发育阶段，对氧气有着较高的要求，因此需要适当降低土壤含水量，将其控制在 18%~25%。棚内的空气相对湿度需要维持在 55%~60%。在向春季过渡的阶段，地温不断回升，温度会升高 6~10 ℃，此时需要适当调整空气湿度与土壤含水量，分别将其提升至 85%~95% 与 20%~30%。

四、病虫害绿色防控

木霉污染主要由菇房消毒不彻底、温度湿度过高以及培养料偏酸等情况引起的，在感染木霉后，应该立即烧毁培养料，并注意通风，同时需要适当调整空气湿度。在栽培过程中，如果存在菇房消毒不彻底以及通风不畅等情况，则会导致培养料遭受曲霉污染，此时，培养料中会出现多种其他颜色的菌落，在处理的过程中，首先需要及时烧毁培养料，注意通风，并适当减少喷水，同时还可以向污染区撒一定的生石灰。

五、适时采收

羊肚菌子囊果的成熟以菌柄淡黄色、菌柄初变褐为标志，以八分熟为宜，此时整个菇体分化完整，颜色由深灰色变浅灰色或褐黄色，菌盖饱满，盖面沟纹明显，边缘较厚，外形美观，口感最好。

第七节　杏鲍菇

一、栽培瓶的制作

（一）栽培配方

配方1：棉籽壳50%、麸皮25%、玉米芯20%、米糠4%、碳酸钙1%。

配方2：木屑30%、麸皮30%、玉米芯25%、豆粕6%、玉米粉7%、轻质碳酸钙1%、过磷酸钙1%。

（二）栽培菌种

选择专业机构育成的国家登记品种，通过生产企业出菇试验后方可大规模应用。

（三）栽培瓶制作过程

选1 100 mL容积的聚丙烯瓶，瓶口直径75 mm，用自动装瓶机，每瓶装料650~680 g，之后将培养料瓶进行打孔形成孔穴，用封盖机封口后进行蒸气灭菌。当温度达到100%，保持12 h，然后闷4 h结束灭菌。栽培瓶经冷却后进行接种，无菌条件下，在每个栽培袋的料面和孔穴内各接入蚕豆大小菌种1块，每瓶原种可接25个栽培袋。接种后菌袋移入发菌室避光培养，30 d左右菌丝可长满。

二、发菌管理

（一）水分

杏鲍菇栽培过程中不易喷水，培养料的含水量对杏鲍菇的生长发育影响较大，适宜的培养料含水量有利于提高产量及品质。在菌丝生长阶段培养料的含水量宜控制在60%~65%；但在杏鲍菇子实体生长阶段不宜在子实体上喷水，子实体生长所需的水分主要来源于培养料，所以在培养料生产过程中可将培养料的含水量适当提高到65%~70%。

（二）温度

温度是食用菌生长最主要的因子，杏鲍菇也不例外，温度也是决定杏鲍菇高产优质的关键。菌丝生长阶段的温度为 22~27 ℃，最适温度为 25 ℃左右，温度低于 18 ℃菌丝生长缓慢，温度高于 30 ℃，菌丝生长发育不良。

（三）pH 值

杏鲍菇菌丝生长阶段的适宜 pH 值范围为 4~8，最适 pH 值 6.5~7.5。因此，在杏鲍菇培养料配置时 pH 值调节在 7 左右。

（四）氧气

杏鲍菇菌丝生长和子实体发育都需要氧气，应保证生长环境空气新鲜，相对来说菌丝体生长阶段氧气需求量较少，二氧化碳浓度较低对杏鲍菇菌丝体生长有刺激作用，随着菌丝体的生长量增加，栽培瓶中的二氧化碳浓度可达到 2.2%，对菌丝体的生长影响不大。

三、病虫害绿色防控

工厂化杏鲍菇生产中应坚持以预防为主的病虫害防控理念，通过栽培措施的调节，预防病虫害的发生。高温季节，外界病虫害基数较高，应检查防虫网是否破损，菇房门窗增设防虫网等预防措施，降低病虫害发生的概率。

四、适时采收

杏鲍菇适宜的采收期以杏鲍菇菌盖平展，但孢子尚未弹射为宜。产品供应市场的需求决定了杏鲍菇实际的采收标准。一般国内市场要求柄长 5~12 cm，柄粗 2~4 cm，菌盖略小于菌柄粗度。出口菇要求菌盖 4~6 cm，柄长 10 cm 左右；杏鲍菇的产量主要集中在第一批菇，第一批菇采收后应将菇根及死菇清理干净，并保持菇房清洁卫生，密闭遮光保湿，使菌袋菌丝恢复，继续培养 14 d 左右可采收第二批菇。一般第二批菇由于培养料的营养等原因子实体相对较小，菌柄短，产量较低。

第七章　中药材绿色生态种植技术

第一节　黄　芪

一、选地整地

严禁连续多年重茬栽种黄芪，也不推荐和马铃薯连年耕作。推荐选择背风朝阳、地势较高且干燥、透气性优良、土层深厚的沙壤土栽种。确定栽种地块后，建议在秋末冬初或早春整地，耕深以 30~40 cm 为宜，耕地前每亩地施用尿素 10~15 kg、土杂肥 2 500~3 000 kg、过磷酸钙 20~30 kg 做为基肥。

二、种子处理

黄芪种皮较坚硬，播种以后发芽较迟缓，推荐在播种前对种子进行处理。可以把种子浸泡在 50 ℃ 温水内搅动，当水温降至 40 ℃ 以后持续浸泡 24 h，捞出洗干净后摊铺于湿毛巾上，而后覆盖一块湿布以用于催芽，当观察到裂嘴出芽以后便可以播种。也可以把两倍的河沙放置于种粒内进行搓揉处理，擦损种皮，同样能促进其发芽过程。

三、播种

黄芪种粒在 14~15 ℃ 条件下更易发芽，春、秋、夏三季都可以播种。春、秋播种保苗率偏低，可以采用条播法，具体是于垄上开出 3 cm 播种沟，把种粒均匀地撒到沟内，种子与适量细沙拌和，覆土层厚 1~1.5 cm，将种子覆盖严实，略加压处理。每亩播种量以 1~1.5 kg 为宜。也可以采用平畦栽种形式，但患病率相对较高，黄芪根形状也逊色于垄栽情况。

四、田间管理

(一) 中耕除草、间苗定苗

当黄芪苗株株高达 4~5 cm 时就可以中耕，苗期中耕要浅显，以防对苗根形成损伤而增加苗株死亡率，封行之前选择适宜时机进行中耕除草，通常中耕以 2~3 次为宜。当苗株株高达 10 cm 左右时进行定苗，条播株距以 10~15 cm 为宜，穴播方法下各穴留苗 2~4 株，若种植地缺苗情况较为严重，则要快速进行补栽、补种，每亩苗株通常要维持在 2 万~2.5 万株。

(二) 追肥

黄芪喜肥，通常追肥 2~3 次，首次追肥于苗株株高达 3~5 cm 时进行，每亩地追施有机肥 50 kg 左右，其对幼苗生长发育过程能起到促进作用。第二次在苗高为 20~30 cm 时进行，施用有机肥 15 000 kg/hm²。

(三) 排灌、打顶

通常自然降水便能满足黄芪的生长发育要求，如果有灌溉条件，尤其是在干旱时节，可以结合旱情严重程度进行浇灌。雨季湿度偏大，增加黄芪烂根、死苗情况发生的风险，这就提示在雨季前要在田间深挖排水沟，以保证雨水排出过程的时效性。为实现对植株生长高度的有效调控，则当株高达 50 cm 时打顶处理，这是提高黄芪产量的有效方法之一。

五、病虫害绿色防控

(一) 白粉病

在发病早期可喷洒 50% 硫菌灵或 50% 多菌灵 800~1 000 倍液，每隔 10 d 喷洒 1 次，连续进行 2~3 次。中后期分别喷药 1 次，采用 25% 粉锈宁 1 500 倍液喷雾，防治效果通常高于 90%。

(二) 根腐病

一是推行轮作法，要求轮作期 3 年以上；二是整地时采用

50%多菌灵可湿性粉剂处理土壤，用量为 1 kg/亩；三是施用腐熟的有机肥，其有益于提高植株抗病能力；四是在雨水频繁的季节及时排除种植地内储留的积水。

（三）蚜虫

严重时造成茎秆泛黄，叶片卷缩，花荚掉落，籽粒干瘪，叶片提前脱落，导致全株枯萎致死。

六、采收

膜荚黄芪通常在播种后 2~3 年采收，蒙古黄芪 3~4 年采收，年限过短通常会降低黄芪品质。

秋天收获地上部黄萎以后，先割掉地上生长的植株，然后挖掘出根部，规避出现挖断主根与损伤外皮的情况。可以由地一头挖起，将断面挖出后进行翻倒。

将黄芪根部挖出以后，去除泥土，趁着其新鲜度较高时将根茎、须根切割，在晾晒到半干程度后，梳理根部将其捆扎成把，而后再行晾晒或烘干处理便能获得生黄芪。将成品放置于通风条件良好、干燥位置存储，通常每亩地能采收到干货 2 250~3 750 kg。

第二节　附　子

一、繁殖方式

用块根繁殖，采收时，选健壮无病侧根，截短须根，按大中、小分级，一级和三级多用作附子加工品（加工附片或直接入药），二级块根用作附子种根。

二、选地、整地

选地势高，阳光充足，土壤疏松肥厚、平坦、排灌方便的地块为好。8月下旬至9月上旬翻犁晒垡，10月下旬整地施入厩肥、普钙油饼等堆沤腐熟肥作基肥，深翻 20~25 cm，使土壤细碎疏松，土面平整，按畦面宽 1 m 作畦。

三、田间管理

（一）除草追肥

结合除草进行 3 次追肥。第一次在补苗后 10 d 进行，施腐熟厩肥或堆肥加油饼、人畜粪尿；第二次在 4 月上旬，修根后追肥，肥料种类及方法同前；第三次在 5 月上旬第二次修根后施入，施肥量比第二次施肥有增加。

（二）修根

也叫修绊，进行 2 次。第一次 4 月上旬，苗高 15 cm 左右时进行，第二次修根于 5 月上旬前后进行。用附子铲将植株旁泥土铲开，露出块根，去除较小块根，只留较大的 2 个侧生块根（留双绊），修好覆土。

（三）摘尖

苗高 30~40 cm 时进行。摘尖要根据苗情分次进行，一般每 7 d 摘1 次，进行 3 次，摘尖后侧芽生长快，应及时摘掉。

四、病虫害绿色防控

附子病害主要有白绢病、根腐病等，农业防治一是忌连作；二是选用生长健壮、无病、无霉烂块茎作种；三是夏季高温多雨，要注意防涝。药剂防治要以预防为主，常用农药 1∶2 000 的波尔多液、65%代森铵、50%多菌灵等喷雾或灌根。

附子害虫主要有蚜虫、小菜蛾等，可用 800~1 000 倍液的吡虫啉或阿维菌素等进行防治。

五、采收

9 月中下旬开始采收，挖出块根后，除去泥土须根晒干即可入药或开片加工成附片。

第三节 白 芍

一、整地与施肥

选地势高、排水好的田块，深耕细作，然后做成 70 cm 宽的高畦。结合整地，施足基肥：每亩施土杂肥 5 000 kg、饼肥 50 kg、尿素 20 kg、磷钾肥 50 kg。

二、播种

白芍生产上用芽头繁殖。播种期在白露前后。栽种时按株距 40 cm，将白芍芽定植在整好的高畦上，浇水保墒以利成活。

三、田间管理

加强田间管理对白芍稳产增产非常重要。白芍栽后当年生根不出苗，春节过后方能出苗。阴雨天气注意排水，干旱天气及时浇水。白芍生产周期较长，一般为 4 年。前两年生长较慢，为提高土地利用率，可适当套种白术、南星、川乌、洋葱及大蒜等短期作物，以便以短养长。白芍于栽后翌年的春季应"晾根"，晾根时，挖除根部周围 10 cm 厚的土层，去掉须根，晾晒几天。结合晾根，每亩追施土杂肥 2 000 kg，含氮磷钾各 15% 的复合肥 50 kg，然后培土封根。以后每年追肥 1 次。白芍生长两年后，开始现蕾开花，为减少养分消耗，应及时摘除花蕾。

四、病虫害绿色防控

白芍的灰霉病和叶斑病，可于发病初期用 50% 多菌灵防治；锈病可用三唑酮防治；白芍虫害较少，主要是地老虎、金针虫等地下害虫咬食根茎，可用辛硫磷配毒饵埋于根部诱杀。

五、采收

白芍一般于栽后 4 年的立秋前后采挖。采挖前，先将地上茎叶割去，再刨出地下根茎，去净泥土，然后放入沸水中煮至根能弯成环状时，立即捞出放在凉水中浸泡 5 min，再刮去外皮，用硫黄熏蒸后晒干即可入药出售。亩产干品 500 kg，高产者可达 700 kg。

第四节　连　翘

一、选地、整地、施肥

选择酸碱度适中、深厚、肥沃、疏松的沙壤土，梯田或挖鱼鳞坑栽植，每坑施入农家肥 20~30 kg。

二、繁殖方法

以种子繁殖和扦插繁殖为主，也可压条繁殖和分株繁殖。

（一）种子繁殖法

选择生长健壮、枝条节间短而粗壮、花果着生密而饱满、无病虫害的优良单株作母株采种。于 9—10 月摘取成熟的果实，晒干脱出种子，沙藏。春播，4 月上旬播种育苗，行距 25 cm 开沟，沟深 2~3 cm，均匀播种，覆土 2 cm，用脚踩实，20 d 左右出苗。当苗高 7~10 cm 高时，间苗，株距保持 5~7 cm，及时除草追肥，培育 1 年，当苗高 50~70 cm 时，可出圃移栽。

（二）扦插繁殖法

选优良母株，剪取 1~2 年生的嫩枝，截成 30 cm 长的插穗，每段留 3 个节，用生根粉或吲哚丁酸液浸泡插口，随即插入苗床。行株距为 10 cm×5 cm，1 个月左右即生根发芽，当年冬季即可长成 50 cm 以上高的植株，可出圃移栽。

（三）压条繁殖

连翘为落叶灌木，下垂枝多，可于春季 3—4 月将母株下垂枝弯曲压入土内，在入土处用刀刻伤，埋些细土，刻伤处能生根成苗。

加强管理，当年冬季至翌年早春，可割离母体，带根挖取幼苗，移栽大田定植。

（四）分株繁殖

连翘萌发力极强，在秋季落叶后或早春萌芽前，挖取植株根际周围的根蘖苗，另行定植。

三、定植

将育好的苗定植于大田。行株距 2 m×1.5 m，挖穴，穴深70 cm，穴内填些农家肥，每穴栽苗 1 株，栽后浇水。定植时一定要将长、短花柱的植株相间种植，才能开花结果，这是增产的关键技术。

四、田间管理

（一）除草追肥

根据田间的杂草情况及时除草，每株每年要追农家肥 10 kg左右。

（二）整形修枝

树高达 1 m 左右时，茎叶生长特别茂盛，此时应剪去顶梢，修剪侧枝，有利于通风透光，对衰老的结果枝也要剪除，促进新结果枝生长。

五、病虫害绿色防控

（一）蜗牛

于傍晚、早晨或阴天蜗牛活动时，捕杀植株上的蜗牛；或用树枝、杂草、蔬菜叶等诱集堆，使蜗牛聚集于诱集堆内，集中捕杀；彻底清除田间杂草、石块等可供蜗牛栖息的场所并撒上生石灰，减少蜗牛活动范围；适时中耕，翻地动土，使卵及成贝暴露于土壤表面提高死亡率。

（二）吉丁虫

农业防治：在成虫羽化前剪除虫枝集中处理，杀伤幼虫和蛹。药剂防治：成虫发生期用80%敌敌畏乳油800~1 000 倍液，或用1%甲氨基阿维菌素苯甲酸盐2 000 倍液喷雾防治。

六、采收

9月中旬左右果实初熟尚带绿色时采收，除去杂质，蒸30 min，晒干，即为"青翘"；10月下旬果实熟透时采收，晒干，除去杂质，即为"老翘"。

第五节 党 参

一、覆盖

直播田和育苗田春播后，为了保墒利于出苗，畦面应盖草，盖草不宜太厚，以达到保湿为度，待出苗时将草撤除。

二、浇水

春播后要保持畦面湿润，利于种子萌芽、出苗，幼苗生长期遇干旱要及时浇水，浇水时间最好在8时前或15时后进行。

三、间苗除草

党参育苗期应见草就除，防止草荒；当幼苗长至5~7 cm时，按株距3 cm进行间苗，结合间苗对缺苗严重的地方要补苗。直播田应分2次间苗，第一次间苗时间与密度与育苗田相同；第二次间苗于翌年春季出苗后进行，按株距5~7 cm定苗，将过密参苗间除，缺苗地方补栽。

四、除草松土培垄

对移栽田或直播2年以上的田块要及时除草松土，一般生长期内可除草3~4次，垄作的要在7月下旬至8月中旬进行培垄，秋末地上植株枯萎后，先浅锄1次，然后再进行培垄。

五、追肥

党参为喜肥植物，7月中旬，每亩用硫酸铵10 kg、过磷酸钙15 kg混合追施。追施方法：于行间根部10 cm处开6 cm深沟，施入肥料后培土。

六、搭架

苗高 30 cm 时用树枝或细竹竿插行间搭架，引茎蔓缠绕而上，以利于通风、透光，促进党参生长。

七、防寒

严寒地区种植党参要在秋末地上部枯萎后盖上防寒土，以防冻害，翌年春季党参越冬芽萌动前撤除。

八、清理田园

党参地上部枯萎后，要及时清除残株茎叶，拔除架设物，用 50%多菌灵 800~1 000 倍液进行田园消毒处理，以减轻病害蔓延发生。

九、病虫害绿色防控

（一）主要病害及防治

党参主要病害有根腐病、锈病、紫纹羽病。

1. 根腐病

实行轮作，忌重茬；播种前认真选种，剔除病种，进行种子消毒，用健壮无病虫害的党参植株作移栽种苗；多雨季节做好排水防涝工作；发病期用 50%二硝散 200 倍液喷洒，或用 50%退菌特可湿性粉剂 1 500 倍液浇灌。

2. 锈病

及时清理田园；发病初期喷三唑酮 300 倍液或 50%二硝散 200 倍液或敌锈钠 200 倍液，每隔 7~10d 喷 1 次，连喷 2~3 次。

3. 紫纹羽病

培育无病参苗；用 40%多菌灵胶悬剂 500 倍液或 25%多菌灵可湿性粉剂 300 倍液处理土壤，每平方米浇灌 5 kg；移栽前，可用 40%多菌灵胶悬剂 300 倍液浸泡参根 30 min，稍晾干后栽植。

（二）主要虫害及防治

为害党参的害虫有蛴螬、地老虎、蝼蛄和红蜘蛛，其中，地下害虫有蛴螬、地老虎、蝼蛄；地上害虫有红蜘蛛。

地下害虫防治方法：用毒土和毒饵诱杀。毒土配制：每亩用 35%硫丹 0.5~1.5 kg 加土 15 kg，混合后撒在苗根里。毒饵配制：每亩用炒香的饼粉 1 kg 加敌百虫 35g，用水拌匀，撒在畦面、畦旁、垄沟或垄台上即可。

地上害虫防治方法：党参的地上害虫是红蜘蛛，一般在 7 月发生，可用 48%毒死蜱乳油 70~100 mL 兑水 50 kg 或 1.8%阿维菌素乳油 3 000~5 000 倍液喷雾防治。

十、采收

党参地上部变黄干枯后，用镰刀割去地上藤蔓，党参根部在田间后熟一周再起挖。先用四齿直把铁叉直插入土壤，将耕层土壤挖松，再用三齿爪将党参刨出抖去泥土，收挖切勿伤根皮甚至挖断参根，以免汁液外渗使其松泡。

第六节　薄　荷

一、繁殖地处理

选向阳、平整的土地，施足基肥，整平耙细，然后作畦待用。

二、繁殖方法

薄荷繁殖方法较多，可用根茎、秧苗、地上茎、种子等繁殖。可根据当地实际情况，选择合适的繁殖方法。

三、田间管理

（一）中耕除草

在苗高 9 cm 左右时除草 1 次。收割后再进行 1 次中耕松土，以切断部分根茎，防止植株间过密。

（二）追肥

结合中耕进行。将肥料均匀撒施田间，然后中耕埋压。可追施氮磷钾三元复合肥，按苗大小，每亩每次施肥 7～10 kg。

（三）浇水

有浇水条件的地方，在施肥后浇 1 次水，以加速肥料转化，提高利用率。天旱时要及时浇水，以保证植株健壮生长。

四、病虫害绿色防控

薄荷生产中最常见的病虫害有锈病和蚜虫、红蜘蛛等，生产中可根据发生情况，适时喷药防治。锈病可在发病初期选用 20%三唑酮（粉锈宁）可湿性粉剂 1 000～1 500 倍液、30%绿得保 300～400 倍液、97%敌锈钠可湿性粉剂 250 倍液或 50%甲基硫菌灵可湿性粉剂 600～800 倍液喷洒防治；蚜虫可选用 3%啶虫脒乳油 2 500～3 000 倍液、10%吡虫啉 1 500 倍液、48%乐斯本（毒死蜱）1 500 倍液、40%妍灭灵乳油 1 500 倍液喷洒防治；红蜘蛛可选用 1.8%阿维菌素乳油 4 000～5 000 倍液喷洒防治。

五、采收

薄荷如生长得好，一年可收两次，第一次在夏季，第二次在秋季。待叶片肥厚、散发出浓郁的薄荷香气时，便可收割。收割宜在晴天上午进行，用镰刀齐地割下茎叶部分，收割的茎叶立即摊开阴干，捆成小把，供药用。

第七节　黄　精

一、选地整地

选择湿润、荫蔽、排水良好、土层深厚肥沃、土壤疏松、浇灌方便的地块种植，忌连作。前茬种植黄精和育苗的地块不能作为育苗田。在选好的地块上翻耕 25～30 cm，整平耙细；开排水沟，沟宽 30 cm；作宽 1.5 m、深 20 cm 的高畦，畦面整平、压实。每亩施腐熟的农家肥 1 000 kg 或商品有机肥 50 kg、复合肥 25 kg。

二、栽种（移栽）方法

获得种栽后尽快栽种，越早越好，9 月至翌年 3 月中旬均可栽种（移栽应在幼苗倒苗后、出苗前）。按行株距 25 cm×17 cm 开沟种植，沟深 10 cm，种栽用多菌灵 800 倍液和生根粉溶液浸泡 10 min 或用生石灰粉拌匀，稍晾干后摆放在沟内并覆土 5~8 cm。移栽后需浇 1 次定根水。

三、田间管理

（一）覆盖

黄精种栽下种后要覆盖一层秸秆或树叶、干草之类的覆盖物，一方面可以保墒，另一方面可以保温，使其在发芽前生根。

（二）锄草松土

出苗后应及时松土除草，保持畦面无杂草。锄草时间一般在出苗期（苗高 5~10 cm）、开花前期（4 月中下旬），种植第一年需锄 3 次草，2 年以后则无须锄草，只需将长势旺的杂草拔掉。

（三）追肥

在基肥充足的情况下，一般可不追肥。若未施基肥或基肥较少的情况下，可结合中耕除草进行追肥。第一次在黄精出苗时（3 月中旬）结合灌水施提苗肥，第二次在 5 月上旬施促花肥。

（四）灌溉排水

5 月花期黄精需水量较多，如遇干旱，土壤墒情较差时，应及时在畦沟放水渗透或喷灌，禁止大水漫灌。8—10 月是黄精地下部分迅速生长时期，如遇连阴雨天气，土壤出现积水时，应及时排水。

（五）打顶控旺

打顶时间为展叶期，在黄精展叶 8~10 节时进行打顶。选晴天 6—10 时，通过手掐的方法摘除顶芽。

四、病虫害绿色防控

（一）黄精叶斑病

黄精叶斑病可用 65% 代森锌可湿性粉剂 500 倍液防治。

（二）黄精黑斑病

黄精黑斑病多在春季、夏季、秋季发生，为害叶片。收获时清园，消灭病残体；发病前期喷施 1∶1∶100 的波尔多液，每 7 d 喷施 1 次，连续喷施 3 次。

（三）蛴螬

一是精耕细作，深耕多耙，合理轮作倒茬，合理施肥和灌水。二是播种前或移栽前，每亩可用 10% 的二嗪磷颗粒剂 1 ~ 2 kg 穴施或撒施，不仅可以防治当季作物的地下害虫，而且对潜伏在地里的其他害虫虫卵也有消杀作用，从而减轻下茬作物的虫害发生。三是 6 月中旬至 7 月下旬是蛴螬成虫发生旺盛时期，可以利用成虫趋光趋化的特性，在田间安装黑光灯诱杀成虫。

五、采收

黄精采收过早，产量还未形成；采收过晚，则密度过大，养分竞争激烈，影响黄精生长。

用种子繁殖的黄精 3 ~ 4 年可以收获，无性繁殖的黄精 1 ~ 2 年可以收获。可在秋季地上部分枯萎后到翌年春天发芽前采收。采收的黄精洗净除去须根、残茎，洗净泥土，去掉烂疤，蒸透，晒干或烘干。

第八节 桔 梗

一、耕地作畦

桔梗根深，以土层深厚、疏松肥沃、排水良好的腐殖质土或沙质壤土为宜，土壤过黏易板结。土地确定后，务必施足基肥，这是增产的关键。亩施圈肥 4 000 kg，过磷酸钙 100 kg，硫酸铵 100 kg，粗肥捣碎，深耕 30 cm，整平耙细作畦，畦宽以 3m 为宜，长自定。

二、种子处理

桔梗种子寿命仅 1 年，发芽率 70%，隔年种子失去发芽力。播种前，种子用 0.3%~0.5% 高锰酸钾液浸种 24 h（1∶300），然后将种子装入口袋，置于 40 ℃ 的温水中，轻揉半小时，将种子取出，用湿布盖好，放在较温暖的地方催芽，3~5 d 种子萌动后，拌适量细沙即可播种。用此法浸种，能增产 21%~51%。

三、播种

合理密植是增产的关键，行距 15~20 cm，株距 5~6 cm，每亩以保持 4 万~5 万株为宜。直播：清明至谷雨期间，在整好的畦内，按行距 17 cm，开 2 cm 的浅沟，将拌细沙的种子均匀撒在沟内，覆土搂平，脚踩一遍，保持畦内湿润，15~20 d 出苗。每亩用种 2 kg 左右。冬播当年不出苗，种子不需处理。

四、田间管理

苗高 4 cm 间苗，按株距 5~6 cm 定苗。桔梗不喜欢大水，苗期掌握不旱不浇。苗小宜浅锄，苗大可深些。追肥，芒种前后，每亩追磷酸二铵 30 kg，孕蕾期追尿素 20 kg，过磷酸铵 30 kg 或钾肥 20 kg，中后期追肥，1 人均匀在畦内撒肥，1 人用长柄软枝扫帚轻轻来回拨动秧苗，使肥料落入地面，浇水。生长后期需培土，桔梗花期长达 3 个月之久，不收种子可疏花疏果。

五、留种

桔梗以种子繁殖为主，种子质量好坏对产量影响很大，要选用二年生的植株留种，留种株于 8 月下旬要打除侧枝上的花序，以使营养集中供给上中部果实发育，促使种子饱满，提高种子质量。9—10 月蒴果要黄时割下全株，在通风干燥处后熟 2~3 d，然后晒干脱粒，去净瘪籽和杂质后贮存，每亩可收获种子 20 kg。

六、病虫害绿色防控

根线虫病，根部受到为害，茎叶枯萎，用 80% 溴氯丙磷乳油 1：300 倍液除治。紫纹羽病，拔除病株，病穴用石灰水消毒。炭疽病，7—8 月高温多湿发生，严重时成片倒伏死亡，用 1：100 波尔多液喷洒防治。

七、采收

一般播后 2~3 年收获，9 月底 10 月中下旬采挖，过早影响产量，过迟根皮难刮，不易晒干，采挖后，去净泥土，刮去外皮晒干。亩产干品 400 kg 左右。

第九节　黄　芩

一、选地、整地

尽量选择土层深厚、排水条件良好以及光照充足的地块，秋季对地块进行深翻，立春解冻后每亩地施入厩肥 2 000~2 500 kg、过磷酸钙 15~20 kg。之后耙细耢平土地，根据土地的实际长度制作宽度 133.3~166.7 cm 的平畦，畦间挖宽度约 33.33 cm 的排水沟。

二、种植

在上年 9—10 月种子陆续成熟阶段分批次开展采收工作，将种子晒干后贮藏备用。4 月中下旬，对平畦进行种植沟开挖，深度为 1.67 cm，在其中撒入种子。如果气温高于 15 ℃，则可以进行覆土操作直至畦平。如果土壤湿度适宜，播种 15 d 后就会出苗，一般每亩播种 1 kg 左右黄芩种子。

三、田间管理

黄芩苗高 3.33 cm 时，应剔除部分弱苗。黄芩苗高 6.67 cm 左右时，要按照株距 10.0~13.3 cm 留下 1 株壮苗，去除多余幼苗，同时做好除草、肥水管理工作。

（一）清除杂草

苗期杂草生长迅速，因此，播种后第一年应及时除草，翌年可以根据杂草实际生长情况来适当减少除草次数。每次除草均可以进行浅锄操作，确保畦内表土疏松。针对黄芩生长期间出现的有害杂草，一般选用科学的化学药剂进行防治，最为常见的药剂是药田宝。药田宝是一种茎叶触杀型除草剂，能杀灭阔叶杂草，除草效果良好，每亩地使用 3 瓶药田宝，兑 30 kg 清水，均匀喷洒在地表即可。

（二）肥水管理

每年 6—7 月进行行间开沟，每亩地追施硫酸铵 10 kg、过磷酸钙 20 kg，以有效保证黄芩植株良好生长。如果地块积水严重，会导致黄芩根部腐烂，因此，多雨时期应及时排除积水。发现植株出现花蕾时，应及时摘除，以确保黄芩根部能获得充足的养分。

四、病虫害绿色防控

根腐病防治，及时拔除病株，病穴用 5% 石灰水消毒。防治茎基腐病，在采用综合农业防治的基础上，于发病初期喷施 50% 多菌灵和 80% 代森锌 1∶1 的 600~800 倍液。防治叶枯病，发病初期用 50% 多菌灵可湿粉 1 000 倍液喷雾。

五、采收

直播黄芩 2~3 年即可收获，育苗移栽者翌年可收获。通常于早春萌发芽前或秋后茎叶枯萎后采挖。挖出后，除去残茎，晒至半干，放入箩筐内撞掉老皮，再晒至全干，撞净老皮即成商品。在晾晒时避免过度暴晒，否则根条发红，同时防雨水，因其根见水则变绿变黑，影响商品品质。

第十节 天 麻

一、栽培技术

在天麻栽培过程中，要选择生长条件良好、土层深厚、疏松肥沃、有机质含量高且富含腐殖质的沙壤土种植。同时选择在无霜、少雨、干燥的地区播种，播种后要加强管理。如果种植在环境较差且湿度较大的地区，要采用大棚等措施提高土壤的透气性，促进天麻生长。还要加强管理，及时清除杂草、害虫及杂物等。

二、栽培方法

天麻通常在每年 5—9 月种植。种天麻一般采用根茎繁殖。选择生长良好的种麻并将其切割成约 3 cm 的小块，每小块需要带有 1~2 个芽眼，种麻上覆土，厚度一般在 30 cm 左右，然后用木板或竹竿做成架，覆盖塑料薄膜和遮阳网，保持一定湿度和温度促进天麻块茎生长。等天麻块茎形成后，及时将其取出放置到阴凉处进行储存或烘干处理。

三、生长环境条件

天麻生长需要比较湿润的环境，而土壤水分和空气湿度对于天麻生长非常重要。土壤中的含水量保持在 40%~60%，可以有效促进天麻生长。天麻对温度比较敏感，一般适宜温度为 10~25 ℃，高于 30 ℃ 时会严重影响其生长。天麻不喜欢阳光，如果光照太强，会抑制其生长。相对湿度一般需要保持在 60% 以上，但是在雨季时，空气湿度最好能够达到 80% 以上，湿度太低会导致其发育不良。一般来说，土壤要以肥沃、疏松、富含腐殖质且排水良好为宜，如果土质偏黏，则需要进行松土处理。

四、病虫害绿色防控

（一）预防措施

预防措施主要是栽培过程中预防菌核病和锈病，如选择高湿环境进行栽培，栽培场地要经常消毒，采用灭菌设备彻底清洁栽培场地。一旦发现天麻异常，应及时进行隔离，及时清除天麻周围的废料，减少病害发生。在种植天麻时，可以使用杀菌剂防治病虫害。

（二）选择无病虫害麻种

选择无病虫害、无退化、生长健壮的麻种，在整个栽培过程中都要防止病虫害感染。应尽量避免选用没有生长蜜环菌或杂菌株的天麻种子，避免因环境潮湿而滋生杂菌。应科学施肥，合理密植，及时除草、培土、松土，避免土壤长期过湿过潮。

（三）加强环境防治

种植天麻时，要保证空气流通。土壤不能积水，土壤含水量过大会影响天麻生长。在冬季和早春阶段要做好防寒工作，天麻栽培的场地要进行冬灌或春灌，以提高土壤的温度。在夏季种植天麻时，可采取遮阴措施。要合理施肥，以增强天麻植株自身的抗病虫害能力。

（四）化学药剂防治

天麻在生长过程中容易受到真菌侵害，进而影响天麻的质量和产量。针对此问题，天麻生产企业应合理规划天麻种植地，避免出现过度密植的情况，并且在病虫害防治方面要采用低残留农药及生物农药等有效防治病虫害。真菌性病害以菌核病和菌核软腐病为主，这 2 种病害都会导致天麻死亡，严重影响天麻的产量和质量。针对这 2 种病害，可以采用药剂进行防治，在发病初期时可以用 50% 多菌灵可湿性粉剂 1 000 倍液、70% 甲基硫菌灵可湿性粉剂 800~1 000 倍液等药剂进行防治。同时需要注意防止土壤中有菌核出现，并且要及时清理枯枝落叶。

五、采收

10 月霜降后可以采收商品天麻。采收麻种时建议佩戴手套，采收时轻拿轻放，防止损伤。采收后需分拣留种，商品天麻可以作为鲜天麻对外销售或进行加工。如需进行保存的，一般置于 3~5 ℃低温条件下进行贮存。采挖的零代麻种应及时翻种。

第十一节 淫羊藿

一、选地做床

淫羊藿是喜阴植物，栽培时必须选择阴坡或半阴半阳坡的自然条件，坡度 35° 以下，土壤以微酸性的树叶腐殖土、黑壤土、黑沙壤土为宜，利用阔叶林或针阔混交林及果树经济林下栽培，林下要清除灌木丛和杂草，以利通风、透光和管理。整地做床：将林下地面草皮起走，顺坡打成宽 120~140 cm、高 12~15 cm 的条床，横条沟栽苗，开沟深度 6~10 cm。

二、灌溉与保墒

淫羊藿喜湿润土壤环境，若干旱则会造成其生长停滞或死苗。在夏季一般连续晴 5~6 d，就必须进行人工浇水，并应于早晚进行。

三、合理施肥

底肥，于上年 10—11 月结合整地开畦时施入；追肥，提芽肥于翌年 3 月底至 6 月追施 1 次或 2 次，促芽肥于翌年 10—11 月施 1 次。底肥主要采用"面施"法，即于开畦后定植前，将肥料均匀撒于畦面，然后翻入土中，耙细混匀。也可进行"穴施"或"条施"，即在开畦后定植前，挖定植"穴"或"条"时，将肥料均匀放入"穴"或"条"内，并将肥料与周围土壤混匀。

四、病虫害绿色防控

在淫羊藿目前的种植实践中，病虫害的发生尚较少发现。仅偶见小虫咬食叶片使成孔洞，或有蛾类幼虫咬食幼苗茎秆或叶片，将茎秆咬断及为害叶片形成网纹的虫害现象。也偶见煤污病发生，可影响淫羊藿的光合作用。可采取农业综合防治措施，以提高植株的抗逆性，减少病虫害的发生。

五、采收加工

种植 2 年后的淫羊藿便可开始采收，8 月是淫羊藿生长发育好，营养物质积累最高的季节，此期采收药效强。将地上茎叶采收捆成小把置于阴凉通风干燥处阴干或晾干。加工过程中，应认真选出杂质、粗梗及有可能混入的异物，以保证药材质量。

第十二节 杜 仲

一、播种

选择成熟、光泽度好的杜仲种子，于春季平均温度在 11 ℃以上时播种。为提高发芽率，播种前用温水浸种 48 h，适当时间换水，等种子膨胀以后取出，阴凉处待种子表皮水分蒸发后播种。根据地形采取适当的播种方式，行距 23 cm，用种量 9 kg/亩，播后地面覆草以保持土壤水分，1 周后根据种子萌发情况，10 时前或 16 时以后揭开盖草，苗木产量在 30 000~40 000 株/亩。

二、嫁接

嫁接方法一般采用芽接，于 8 月中旬至 9 月中旬进行。嫩枝扦插，选择在春夏之交；根插繁殖，选择在春季；压条繁殖，选择春季。

三、地块选择

选择肥沃、中性、排水良好的地块。

四、定植

定植密度一般为 2 m × 4 m 或者 3 m × 4m。春季深翻耙平土壤，深翻前施足基肥，每亩施入农家肥或缓释肥 2 000 kg 左右，掺入过磷酸钙 50 kg，然后挖穴，规格为 60 cm ×60 cm × 60 cm。

苗木选用三年生无病虫害、无机械损伤的壮苗，造林前根部浸水 1~2 d；按照"三埋两踩一提苗"技术栽植，根据土壤含水情况隔 2 周再浇水 1~2 次，促进苗木成活。

五、栽后管理

一年生树苗生长较慢，需要加强抚育，抚育措施一般包括中耕除草、施肥浇水。秋天或翌年春天及时除蘖，除去交叉枝和过密枝。

六、病虫害绿色防控

杜仲病虫害一般情况下较少发生，但要注意食叶害虫为害。一般在 4 月以后加强监测，防止金龟子、斑衣蜡蝉、黄雌蛾等害虫。

（一）防治成虫

采用诱虫灯诱杀成虫，每个诱虫灯覆盖半径 70 m，防虫效果好。

（二）防治幼虫

通过监测，发现幼虫及时防治。

（1）喷雾防治。药剂采用仿生制剂或高效低毒农药，包括 25% 灭幼脲Ⅲ号 1 500 倍液、2.5 高效氯氟氰菊酯 1 000~2 000 倍液。仿生药剂使用要注意把握用药时间，虫龄越小越好。

（2）喷烟防治。对郁闭度比较好的片林，可用 1.2% 烟·参碱乳油、4.5% 高效氯氰菊酯乳油、3% 高渗苯氧威乳油进行喷烟防治。

七、采收

杜仲定植后生长 15~20 年，树皮厚度符合药典要求，才能剥皮。过去多采取砍树剥皮或局部剥皮的方法，导致杜仲资源日益减少。近年来推广环状剥皮再生新皮的新法，既保护药源，又增加产量，效果很好。但此法技术性很强，掌握不好，植株容易死亡或感染病害。

主要参考文献

曹凑贵，蔡明历，2017. 稻田种养生态农业模式与技术 [M]. 北京：科学出版社.

潘启银，2022. 浅析优质水稻栽培与田间管理技术 [J]. 农业技术与装备（7）：160-162.

孙桂英，李之付，王丽，2022. 生态农业视角下绿色种养实用技术 [M]. 长春：吉林科学技术出版社.

唐志如，2023. 现代种养循环农业实用技术 [M]. 北京：化学工业出版社.